A. Forel

A Fauna das Formigas do Brazil

A. Forel

A Fauna das Formigas do Brazil

ISBN/EAN: 9783337272210

Printed in Europe, USA, Canada, Australia, Japan

Cover: Foto ©berggeist007 / pixelio.de

More available books at **www.hansebooks.com**

A FAUNA

DAS

Formigas do Brazil

PELO

Dr. AUGUSTO FOREL

PROFESSOR DE PSYCHIATRIA NA UNIVERSIDADE DE ZUERICH E DIRECTOR
DO HOSPITAL DE ALIENADOS DA MESMA CIDADE

PARÁ—BRAZIL

TYPOGRAPHIA DE ALFREDO SILVA & C.ᴀ
Travessa de S. Matheus, 46 B

1895

(Extrahido do *Boletim do Museu Paraense*,
Vol. I, fasc. 2, 1895)

I

A FAUNA DAS FORMIGAS DO BRAZIL

Pelo Dr. AUGUSTO FOREL

PROFESSOR DE PSYCHIATRIA NA UNIVERSIDADE DE ZURICH E DIRECTOR
DO HOSPITAL DE ALIENADOS DA MESMA CIDADE

CAPITULO I

Accedendo ao pedido do meu amigo, o professor doutor Emilio A. Goeldi, resolvi elaborar uma revista da fauna das formigas *(Formicidae)* do Brazil, systematicamente coordenada.

Sirvio-me de base, fóra da minha collecção particular, a obra ultimamente publicada *Catalogo dos Formicides até hoje conhecidos*, pelos professores C. Emery e Dalla Torre. Sempre, onde era possivel, juntei indicações sobre a distribuição geographica das especies dentro do Brazil. Lastimo que por falta absoluta de tempo não me seja ainda permittido intercalar já a mór parte das novas especies descobertas pelo professor Goeldi; a descripção successiva d'ellas me occupará nos proximos annos. Julguei util não citar todos os synonimos, para não sobrecarregar a lista de nomes e materiaes de mero interesse para o especialista, no assumpto.

———

A fauna das formigas da America do Sul é talvez a mais opulenta do mundo, no ponto de vista systematico. Igualmente rica é em maravilhosos factos biologicos, dos quaes a exposição rapida será o fim das seguintes linhas.

Foi Th. Belt, o provecto observador inglez, que em 1874, no seu notavel livro *The Naturalist in Nicaragua*, demonstrou pela primeira vez, que as formigas cortadoras de folhas (genero **Atta** de Fabricius, «saúbas» e «carregadeiras» dos Brazileiros) não aproveitam as particulas de folhas para forro das suas habitações ou para alimentação directa, mas sim como substrato para o cultivo de um cogumelo, que lhes serve de comida exclusivamente. E nos ultimos mezes, o Sr. Dr. Moeller [1] em Blumenau, Santa Catharina, fez d'esta questão objecto de acurado estudo especial, tornando-se d'esta arte descobridor de um phenomeno biologico que não hesitamos em declarar como uma das mais grandiosas maravilhas que se conhecem até agora em historia natural. [2] Observando durante mezes em viveiros artificiaes, bem como fóra na natureza, diversas espécies do subgenero *Acromyrmex* Mayr (p. ex. *A. discigera* Mayr; *octospinosa* Reich (hystrix), *coronata* Fabr. e *Moelleri* Forel), convenceu-se o paciente micrographo que todas ellas cultivam a mesma especie de cogumello *(Rhozites gongylophora Moeller.)*

Mastigam ellas as particulas cortadas de folhas, até formarem quasi um mingáo, massa esta que amontoam, em fórma de labyrintho, nas suas habitações. Sobre esta massa, como substrato, cresce o desejado cogumello.

Tendo, porém, este a tendencia de formar um tecido feltroso mediante innumeros fios do myceliö, ameaçando a toda a hora e em toda a parte obstruir e lastrar por toda a casa, as formigas vêm-se obrigadas a cortar constantemente estes fios do mycelio. São encarregados d'esta tarefa exclusivamente os mais pequenos obreiros. De outro lado, deixam ellas crescer com maximo empenho uma variedade especial de hyphas, que se caracterisa pelo pouco tamanho e uma tumefacção bulbosa e grossa.

Esta tumefacção, artificialmente cultivada pela formiga, foi denominada pelo Dr. B. Moeller «couverabano» (Kohlrabi), termo significativo e comprehensivel a qualquer leitor.

Surgem estes «couve-rabanos» em montões, contêm rica porcentagem de substancias albuminosas e servem de sustento á colonia inteira. Dá bastante trabalho ás formigas a necessidade imperiosa de manterem limpa e livre de todos os factores prejudiciaes esta notabilisima cultura de tão exquisito cryptogamo. A semelhantes factores prejudiciaes perteceu não só as hypas compridas do proprio Rhozites, mas ainda porção de inimigos exteriores, quaes outros cogumelos e certos bacterios, etc. Para se convencer d'isto, basta

---

[1] Não é o venerando Dr. Fritz Müller, mas outro joven naturalista allemão, em commissão especial da R. Academia de Sciencias em Berlim.

[2] Moeller *Die. Pilz-Gaerten einiger suedamerikanischer Ameisen.* Iena 1893. (As culturas de cogumelos de algumas formigas da America do Sul.)

que se afastem as formigas, e não leva muito tempo para
que o Rhozites seja destruido por numerosos cogumelos in-
trusos e uma turma de bacterios. Antes elle emitte ainda
porção de hyphas compridas (fios de mycelio), que se intro-
duzem e enchem todos os canaes e tunneis da habitação,
formando espesso e intrincado bolor. Eliminando-se só a
maior parte das formigas, nota-se a agitação desesperada das
restantes, para salvar a cultura em risco de perder-se; umas
succumbem pelo abraço progressivo do mycelio, outras con-
seguem limpar pelo menos ainda certa parte da horta das
hyphas sempre crescentes, rechassando simultaneamente outros
inimigos diversos que procuram introduzir-se clandestinamente.
Não fica duvida alguma, que podemos assim chamar estas
formigas de jardineiros no verdadeiro sentido da palavra, de
horticultores, que tratam de cultura apurada do seu legume.
O Dr. Moeller, que é um notavel botanico e mycologista,
conseguio elucidar o cogumello em questão em todas as
suas phases de desenvolvimento.

Descobrio elle, além d'isto que os generos *Apterostigma*
(Mayr) e *Cyphomyrmex* (Mayr)—generos que eu, baseado
no parentesco morphologico, já em 1884 tinha collocado na
visinhança immediata do genero Atta [1]—são egualmente cul-
tivadores de cogumellos. Estes dous generos, porém, não cor-
tam folhas. Serve-lhes como substrato farinha de páo podre
ou de mandioca, até excrementos de lagartas, etc., que ellas
colleccionam, cultivando de taes materias outro cogumelo di-
verso d'aquelle genero Atta. Em tudo mais a cultura é igual:
formam hortas verdadeiras com cultura de couve-rabanos acima
descripta. Moeller teve a felicidade de observar que a formiga
Apterostigma Wasmanni [2] (Forel) mostra mais perfeição no
cultivo da mesma especie de cogumelo, que *A. pilosum*
(Mayr), e sabe conseguir couve-rabanos maiores e mais gros-
sas que esta ultima!

As observações de Moeller são credoras da mais estricta
exactidão scientifica e são feitas com toda critica desejavel,
com todas as cautelas necessarias. Assim, finalmente, está re-
solvido hoje, devido aos estudos de Belt e Moeller, o grande

---

[1] Veja-se *Études myrmécologiques en 1894*, Bulletin de la Soc. Vaudoise de
Sciences Naturelles.

[2] O Rev. E. Wasmann, da S. I., notavel entomologista e alta auctoridade,
offereceu-se-me gentilmente a redigir, para a nossa Fauna do Brazil o capitulo
relativo aos insectos myrmecophilos e termitophilos, materia na qual é de notoria
mestria. (*Dr. Goeldi.*)

problema da biologia do genero Atta. Seria para desejar que, sobre esta base segura, fossem agora descobertos no Brazil os meios apropriados para a lavoura se livrar efficazmente d'estes terriveis inimigos da agricultura!

Pertencem ao grupo das Attini ainda os generos *Sericomyrmex* (Mayr), *Myrmecocrypta* (Smith), *Glyptomyrmex* (Forel) e o subgenero *Myrmecocrypta* (Forel in litt) do genero Atta. Segundo Moeller a formiga *Cyphomyrmex rimosus* (Spinola) (deformis Smith) não é cultivadora de «couve-rabanos»; talvez tambem o *Glyptomyrmex* não saiba d'esta arte. Ha, do outro lado, toda a probabilidade que os membros dos generos *Mycocepurus* e *Sericomyrmex* sejam productores de cogumellos.

O grupo inteiro das Attini é exclusivamente sul-americano, isto é, neotropical. Supponho que elle se originou do genero *Strumigenys*, que está distribuido pelo mundo inteiro mediante os generos transitorios *Rhopalothrix* e *Ceratobasis*, de distribuição neotropical.

—

Outro grupo de formigas, altamente interessante sob o ponto de vista biologico, é na America do Sul, o genero Eciton (Latreille), «formiga de correcção» do Rio de Janeiro, da familia dos Dorylidae. 5 Possue seu parente mais proximo no genero *Aenictus* (Shuck.), nas Indias orientaes; uma especie d'este genero porém tambem acha-se no Brazil. Antigamente, e ainda poucos annos faz, acreditava-se que os machos dos Dorylidae formassem uma familia á parte entre os Insectos-Hymenopteros. Shuckard e Gerstaecker tinham entretanto allegado certas razões, que tornavam provavel a concatenação com as formigas. As provas irrefutaveis, de que os taes *Labidus* dos entomologos antigos não são outra cousa senão os machos alados dos Eciton, foram fornecidas, ha poucos annos, pelo Dr. Wilhelm Müller (irmão do Fritz Müller) e o engenheiro Lothar Hetschko, ambos então residentes em Blumenau, Estado de Santa Catharina.

As especies do genero *Eciton* são formidaveis insectos de rapina, que formam columnas migratorias, que salteam todo ser vivo que se achar em sua trajectoria, despedaçando-o e levando os pedaços para a casa. Foi ainda Th. Belt, que

---

5 Direi que a systematica moderna divide as formigas *(Formicidae)* em cinco grupos : I. *Camponotidae*, II. *Dolichoderidae*, III. *Poneridae*, IV. *Dorylidae*, V. *Myrmicidae*. *(Dr. Goeldi.)*

pela primeira vez demonstrou que estas formigas formam, por assim dizer, habitações ambulantes.

Em localidades apropriadas recolhem-se todos os individuos, formando um montão disforme, composto só de innumeras formigas sem mais materiaes de construcção. Não merecem a qualificação de «ninhos» pois pódem ser comparados só ás tendas de campanha de um exercito em movimento. Estimulando eu o Sr. Dr. Wilhelm Müller a acompanhar os Eciton e observar-lhes os costumes, este naturalista pôde verificar que as ditas formigas fazem seus reconhecimentos bellicos, seus assaltos principalmente de noite, ao passo que as migrações, de interesse puramente familiar, são executadas mórmente de dia. [1] Escasseando a caça em uma determinada localidade, o povo inteiro abandona-a, e carregando com a criação toda, desloca-se em busca de outro lugar com riqueza de caça ainda não esgotada. W. Müller chegou a descobrir tanto as suas chrysalides, revestidas de um «cocon», como as suas larvas, antes não conhecidas. Mas assim mesmo ainda não está esclarecida toda a historia familiar das especies de Eciton. Ainda não se conhece a femea nem as chrysalides do sexo masculino e feminino. [2]

Terceiro grupo altamente notavel por suas particularidades biologicas é certamente o genero **Azteca** (Forel), rico em especies e ainda recentemente estudado em um bello trabalho monographico da lavra do prof. C. Emery em Bologna. O perspicaz e infatigavel investigador no sul do Brazil, o bem conhecido Dr. Fritz Müller em Blumenau, conseguio demonstrar a maravilhosa symbiosis da formiga *Azteca Mülleri* (Emery) com diversas especies d'aquelle genero de arvores do Brazil, que a sciencia capitula no nome *Cecropia* e o povo brazileiro conhece com designação indigena de «*Embaúbas*» Ultimamente o professor A. F. Schimper, botanico de Bonn (Allemanha), publicou um excellente trabalho sobre este as-

[1] W. Müller, «Beobachtungen an Wander-Ameisen.» Iena 1886. (Observações em formigas migratorias.)
[2] Não posso passar em silencio, que me parece um facto dos mais estranhos no caracter d'estes Ecitons ou «formigas de correcção», o d'ellas tolerarem regularmente em suas residencias e nas suas expedições diurnas certos insectos da ordem dos *Coleopteros*, especialmente *Staphylinideos*. Como acima disse, o Rev. E. Wasmann vae escrever um trabalho especial sobre estes interessantes hospedes. (*Dr. Goeldi.*)

sumpto, contendo as suas proprias observações feitas no Sul
do Brazil — observações estas que vêm a completar essen-
cialmente as de Fritz Müller [1]. A formiga A. Mülleri tem
invariavelmente suas residencias nos troncos ôcos e divididas
em camaras mediante as separações transversaes, de certas
Cecropias, especialmente da *C. adenopus.* Todavia Schimper
observou no Corcovado uma especie de Embaúba que nunca
contém tal formiga, ao passo que a C. adenopus e outras,
logo que tenham attingido certo tamanho e certa idade — a
de um anno — são regularmente habitadas pela A. Mülleri.
O que ha de descoberto acêrca d'isto é o seguinte: As femeas fecundadas da formiga A. Mülleri procuram certa e determinada regiáo, muito delgada, molle e de pouca espessura,
do tronco da Embaúba — região que em cada internodio con-
serva a mesma posição — furam-n'a e d'esta maneira chegam
a invadir o ôco.

N'este depositam a sua criação, caso ellas não sejam pica-
das por Ichneumonides (marimbondos, parasitarios em estado
de larva).

A abertura d'esta arte causada fecha-se outra vez, sendo
porém mais tarde novamente aberta pelas formigas obreiras.
Aquella região de pouca espessura é uma adaptação da planta
á formiga — pois ella falta ás Embaúbas não habitadas por
formigas. Estudos anatomicos d'esta região demonstram que
a depressão do broto onde o buraco é praticado, não possue
alteração de tecido nem caracter atrophico. Nota-se do lado
inferior do pedunculo da folha da Cecropia adenopus e outras um coxim de cabellos singular, que constantemente se-
creta corpusculos ovoides e ricos em albumina («Corpusculos
de Mueller»). D'estas secreções são mui gulosas as formigas
Azteca que coleccionam-as e devoram-as; são a alimentação
principal d'ellas — facto bem averiguado por Fritz Müller. A
Embaúba sem formigas não possue os corpusculos de Müller.
E notorio que as Embaúbas são bastante procuradas e ter-
rivelmente victimadas no Brazil por certas especies de formigas cortadoras de folhas (Atta, «saúba»), facto tambem por
vezes constatado por Belt e outros. Ora, observou-se que todos os pés da Embaúba habitados por colonias da formiga
Azteca, estão poupados do saque das formigas do genero
Atta, sendo a Atta, embora maior, tenazmente perseguida e
rechassada pela Azteca, de caracter muito aggressivo.

[1] Schimper, «Die Wechsel — Beziehungen zwischen Pflanzen und Ameisen.»
Iena 1888. (As relações mutuas entre plantas e formigas.)

Tudo isto são factos inabalaveis. A planta fornece á formiga, mediante uma adaptação incontestavel, morada e alimento. Em troca d'isto a formiga a protege contra o seu mais terrivel inimigo. Naturalmente não foi de repente que semelhante symbiosis surgio. Schimper achou uma Cecropia que só em idade mais adiantada e menos regularmente é habitada pela formiga Azteca. E' verdade, que ella igualmente possue o lugar da perfuração com espessura reduzida, porém, a reducção só se manifesta posteriormente e a planta ainda não fabrica os «corpusculos de Müller».

Estudos de todo recentes [1] deram como resultado que nem todas as especies do genero *Azteca* vivem em especies de Cecropia, da mesma fórma como nem todas as especies de Embaúbas são adaptadas a taes formigas. A *Azteca angusticeps* (Emery) por exemplo, vive nas hastes da Duroia petiolaris (Hooker), planta da Amazonia. Achou-se a *A. scricca* (Mayr) em raizes ôcas da planta Schomburkia tibicinis (Batemann), ao passo que *A. alfari* (Emery) em Venezuela e Costa-Rica vive novamente na Cecropia peltata, Embaúba vulgar no Brazil. Em o todo caso ainda ha muito que estudar sobre a biographia das diversas especies do genero Azteca. Emery distingue hoje não menos de 23 diversas especies, das quaes 14 foram achadas no Brazil. O genero Azteca é exclusivamente neotropical.

Outro genero, *Pseudomyrmex* (Lund), igualmente neotropical, contém numerosas especies, que como Belt demonstrou, fazem seu ninho nos espinhos de Acacias, protegendo estas arvores contra o roubo de folhas das formigas do genero Atta.

—

Interesse biologico offerecem não menos os ninhos de papelão («nids de carton») fabricados por diversas especies do genero *Dolichoderus* (Lund.), com *D. bidens, D. bispinosus*, e por numerosas especies de *Camponotus (C. Trailii; C. Fabricii, C. Chartifex, C. Goeldii,* Forel, etc.) e de muitos *Cremastogaster.* Taes ninhos acham-se todos em cima de arvores.

O professor Goeldi achou regularmente o *Camponotus cingulatus* (Mayr) nos internodios de bambú no Estado do Rio de Janeiro.

[1] Emery, «Studio monographico sul Genere Azteca (Forel)» (R. Accad. Scienze. Istituto de Bologna, 27 Marzo 1894.)

Semelhantes cavernas vegetaes são, de resto, frequentemente habitadas por differentes formigas e outros insectos. Importunas pequenas formigas de casa, que não se fatigam em saltear toda especie de provisões humanas e penetram em toda parte, são frequentes nos paizes tropicaes. O Brazil tem seu quinhão, mencionaremos, por exemplo, o *Monomorium Pharaonis* (Linné), hospede muito pequeno nos assucareiros, *M. omnivorum* L., *M. destructor* (Jerdon), *floricola* (Jerdon), *Pheidole megacephala* Fabr. e *Iridomyrmex humilis* Mayr — formiga que o professor Goeldi, no Rio de Janeiro, vio até atacar a tinta fresca de jornaes ainda humidos de impressão.

Durante a sua commissão relativa á molestia do cafeeiro, observou Goeldi uma pequena formiga, de côr amarello-claro, meia-cega, de vez em quando entre as raizes d'este arbusto. E' a *Acropyga* (Rhizomyrma) *Goeldii* (Forel), que evidentemente trata, na sua vida subterranea, de colonisar aphidios e coccidios, como fazem na Europa, nas partes superficiaes das plantas, tantas outras formigas.

As espécies do genero *Leptogenys* são muito provavelmente comedores de termites (cupim). Ao menos ficou isso demonstrado para certas especies do sub-genero Lobopelta, observadas nas Indias orientaes pelo Sr. R. C. Whrougton. A *Solenopsis geminata,* que sabe dar uma ferroada sensivel, é commum nos jardins das regiões tropicaes, da mesma fórma que a *Prenolepis longicornis,* formiga notavel pela sua marcha extraordinariamente rapida.

Rico em revelações interessantes promette tornar-se o modo de vida, até agora, por assim dizer desconhecido, dos generos *Cryptocerus, Daceton, Strumigenys, Giganticeps,* etc., etc.

—

Quanto á distribuição geographica das diversas especies de formigas, ainda não se póde dizer muito com toda certeza desejavel. O territorio immenso do Brazil septentrional e central está longe de ser sufficientemente explorado e, a julgar pelos materiaes já existentes, é de presumir que a Fauna myrmecologica d'aquellas regiões venha a provar de uma riqueza immensuravel.

O que se póde reconhecer desde já é que a fauna sulamericana, com especial referencia ás formigas, deixa perceber tres zonas principaes, a saber:

1.º — A fauna do territorio equatorial da Amazonia — manifestamente a mais rica. Comprehende ella tambem a maior parte do Norte do Brazil.

2.º — A fauna meridional ou argentina, representada ainda fortemente no extremo sul do Brazil (Rio Grande do Sul).

3.º — A fauna meridio — occidental, especialmente patente no Chile e mais parcamente representada no Brazil.

Numerosas porém são as sub-zonas faunisticas no Brazil. O determinar os limites exactos de cada uma d'ellas fica reservado ao futuro, pois que os materiaes scientificos até hoje existentes ainda não permittem semelhante empreza.

Entretanto, é digno de menção o facto que desde já foram apurados dous ou tres typos, que indicam visivelmente uma antiga fauna commum antarctica. Como exemplos indubitaveis do mundo das formigas, quizera salientar os dous subgeneros *Acanthoponera* (Mayr) do genero Ectatomma, e *Prolasius* (Forel), do genero Lasius.

Conhecem-se até agora quatro especies de Acanthoponera. D'estas tres (*dolo* Roger, *dentino* Mayr e *mucronatum* Roger) vivem no Sul do Brazil e uma quarta (Bronnii Forel) na Nova Zelandia.

De outro lado foram descriptas até hoje duas especies de Prolasius. Uma — a P. advena Smith — é encontrada igualmente na Nova Zelandia; a outra — a P. Hoffmannii Forel — foi descoberta ultimamente pelo Sr. Hoffmann em Valparaiso, no Chile.

No que diz respeito aos generos typicamente e exclusivamente neotropicos, além dos já citados, eu teria de ennumerar mais os seguintes: *Brachymyrmex* (Mayr), *Myrmelachista* (Roger), *Giganticeps* (Roger), *Dorymyrmex* (Mayr), *Prionopelta* (Mayr), *Cylindromyrmex* (Mayr), *Acanthostichos* (Mayr), *Paraponera* (Smith), *Gnamptogenys* (Roger), *Holcoponera* (Mayr), [estes dous ultimos subgeneros do genero Ectatomma], (Smith); depois *Dinoponera* (Roger), *Pachycondyla* (Smith), o subgenero *Stenomyrmex* (Mayr) [do genero Anochetus, do mesmo autor]; mais *Allomerus* (Mayr), *Pogonomyrmex* (Mayr), *Megalomyrmex* (Forel) — este ainda não encontrado dentro do Brazil, mas na Colombia, no Uruguay, etc., e diversas regiões limitrophes, *Ochetomyrmex* (Mayr), *Wasmannia* (Forel), *Procryptocerus* (Emery), *Cryptocerus* (Latreille), *Rhopalothrix* (Mayr), *Ceratobasis* (Smith), *Daceton* (Perty), *Acanthognathus* (Mayr).

(Fins de Julho de 1893).

Pareceu-me, por assim dizer, indispensavel, dar á excellente resenha biologica geral do Professor Forel, ainda mais alguma expansão, relativamente á importancia das formigas na economia social do Brazil. Estes insectos, com effeito, cedo chamaram sobre si a attenção dos primeiros colonisadores e desde esse tempo até hoje innumeros chronistas e autores têm escripto sobre o assumpto. Esta relevancia logo salta aos olhos, se eu lembro de um lado, que o antigo Gabriel Soares, dedica a elle quatro capitulos do seu interessante livro, escripto em 1587, e se frizo de outro lado que, ainda recentemente, o governo brazileiro teve de occupar-se, *nolens volens*, com a calamidade agricola produzida por certos Formicides, cujos nomes estão na bocca de todos: o leitor brazileiro logo advinhará, que me refiro sobretudo ás saúbas e carregadeiras, *Acromyrmex, (Atta)* e ás formigas de correcção, *Éciton.*

Vale realmente a pena reproduzir aqui um trecho do «Tratado descriptivo de Gabriel Soares»; é o capitulo 99, que trata das formigas acima salientadas. «Muito, diz elle, havia que dizer das Formigas do Brazil, o que se deixa de fazer tão copiosamente como se podera fazer, por se excusar prolixidade; mas diremos em breve de algumas, começando nas que mais damno fazem na terra, a que o gentio chama *ussaúba*, que é a praga do Brazil, as quaes são como as grandes de Portugal, mas mordem muito, e onde chegou destroem as roças de mandioca, as hortas das arvores de Hespanha, as larangeiras, romeiras e parreiras. Se estas formigas não foram, houvera na Bahia muitas vinhas e uvas de Portugal; as quaes formigas vêm de muito longe de noite buscar uma roça de mandioca, e trilham o caminho por onde passam, como se fosse gente, por elle muitos dias, e não salteam senão de noite, e por atalharem a não comerem as arvores a que fazem nôjo, poem-lhe um testo de barro ao redor do pé, cheio de agua, e se de dia se lhe seccou a agua, ou lhe cahio uma palha de noite que a atravesse, trazem taes espias que logo são d'isso avisadas; e passa logo por aquella palha tamanha multidão d'ellas que antes que seja manhã, lhe dão com toda a folha no chão; e se as roças e as arvores estão cheias de matto de redor, não lhes fazem mal, mas tanto que as veem limpas, como quem entende que tem gosto a gente d'isto, saltam n'ellas de noite e dão-lhe com a folha no chão para a levarem para os formigueiros; e não ha duvida senão que trazem espias pelo campo, que levam aviso aos formigueiros; porque se viu muitas vezes irem tres e quatro formigas para os formigueiros e encontrarem outras no caminho e virarem com ellas e tornarem todas carregadas e entrarem assim no formigueiro e sahirem-se logo d'elle infinidade d'ellas a buscarem de comer á roça, onde foram as primeiras; e tem tantos ardis que fazem espanto. E como se d'estas formigas não diz o muito que d'ellas ha que dizer, é melhor não dizer mais senão que se ellas não foram que o despovoaram muita parte da Hespanha para irem povoar o Brazil; pois se dá n'elle tudo o que se póde desejar, o que esta maldição impede de maneira que tira o gosto aos homens de plantarem senão aquillo sem o que não podem viver na terra.» [1]

E logo adiante Gabriel Soares escreve: «Mas a praga das formigas não se póde compadecer, porque se ellas não foram, a Bahia se podera chamar outra terra de promissão.» Não estranho, pois, que os primeiros colonisadores já intitulassem satyricamente a saúba como « Rey do Brazil». [2] Devido ás constantes depredações, em muitas localidades do Brazil, tem-se, no correr do tempo, abandonado quasi totalmente a lavoura e bem longa seria a enumeração de todos estes casos. Na bahia do Rio de Janeiro, a ilha do Governador, por exemplo, luctava intensivamente com esta calamidade. Vi diversos codigos de posturas municipaes, no Estado do Rio de Janeiro, que obrigam, em paragraphos especiaes, os fazendeiros á extincção dos formigueiros e a lucta commum contra este terrivel flagello. Tive tambem ensejo, em 1884, de ver no sul de Minas e na zona cafeeira, fazendas onde o proprietario obrigava os pretos diariamente a apanhar as femeas aladas das saúbas, tendo de depor á tarde e de volta do trabalho da roça, na escada da fazenda tantas e tantas cabeças d'estas formigas, com o risco de ver funccionar a palmatoria no caso de não preencherem o numero obrigatorio.

Assim não admira que o governo brazileiro, durante o segundo imperio, promettesse um premio avultado a quem descobrisse um remedio contra esta praga. E' sabido que se recorria ao sulfureto de carbono e que na «Formicida», —cuja base é formada pelo mesmo producto chimico,—foi inventado

---

[1] Gabriel Soares cita além da « ussaúba » (Atta), ainda a « Formiga de passagem » (goajú-goajú) (Eciton), a « quibu-quibura » e a «içan», estas duas evidentemente representando só femeas aladas de especies de Atta e Acromyrmex. Não sei que especies bahianas elle tinha em vista com os demais nomes de « turusá », « ubiraipú », « tacibura », « tacipitanga » (o costume d'esta de atacar o assucar parece-me indicar um Tapinoma ou um Camponotus) e « taciahi ».

[2] Formicae hic sunt tanto numero, ut a Lusitanis «Rey do Brazil» appellentur, Marcgraf. Hist. nat. Brasiliae 1648, pag. 252.

(pelo Barão de Capanema) um meio deveras activo e efficaz
de extincção, quando intelligentemente empregado, isto é,
com alguma intuição da disposição architectonica de um formigueiro e um pouco de observação dos costumes d'estes tei-
mosos inimigos da lavoura. O uzo da «Formicida» (infeliz-
mente parece que elle já se apresenta falsificado no mercado)
vae se generalisando, pelo menos no sul do Brazil, e é de esperar que aquellas localidades abandonadas tornarão a ser
povoadas de novo com gente que não desanima na lucta. E'
interessante que a saúba — cujas femeas aládas os indios comiam
assadas já no tempo de Gabriel Soares, cap. 121 («içans»), cousa
que ainda hoje se observa entre os pretos da roça — sóbe a eleva-
ções bastantes grandes, pelo menos ella nos deu bastante que
fazer na Colonia Alpina em Theresopolis, Serra dos Orgãos,
Estado do Rio de Janeiro, na altura de 800 metros acima do
mar. Em S. Paulo occupam-se em vestir estas femeas de saúbas
e vendel-as nas lojas de modistas como artigo bastante procu-
rado pelos estrangeiros; li ha poucos annos um artigo relativo
a isto na revista parisiense «*La Nature*», de G. Tissandier.

Sobre os costumes das formigas do Brazil ha um livrinho,
cuja existencia não quero deixar de accentuar. O auctor é
pernambucano. Se a redacção se resente d'aquelles acostu-
mados erros e imperfeições, não hesito em dar ao auctor um
cordial aperto de mão, animando pelo menos a bôa vontade
e a louvavel intenção. [1] Por este livrinho tive eu, pela primeira
vez, conhecimento de um engraçado acontecimento na historia
do Brazil, do «processo das formigas» instaurado pelos capu-
chinhos em S. Luiz do Maranhão. Veja o respectivo capitulo
pag. 108 a 114. Da authenticidade do processo e da existencia dos autos, me imformou ainda recentemente um honrado
funccionario publico do Maranhão, o Dr. Arthur Q. Collares
Moreira, Juiz de Direito em Rozario, no mesmo Estado.

Finalmente seja ainda accentuado, que certas formigas
têm seu papel nas crenças dos indios do Brazil. E' sabido que
algumas tribus da Amazonia (Mauhés), expõem a sua mocidade
ás ferroadas dolorosas da «tocandeira» — formiga colossal,
preta, solitaria, que já encontrei aqui no Pará. (Dinoponera
grandis). Tem isto por fim provar a coragem e o valor pes-
soal e documentar assim a virilidade. [2]

Pará, em Julho de 1894.   DR. E. A. GOELDI.

[1] João Alfredo de Freitas, Excursões pelos dominios da entomologia (estudos e observações sobre as formigas). Recife 1886.
[2] Martius, Ethnographie Amerikas, pag. 403. Leipzig 1867.

CAPITULO II

CATALOGO SYSTEMATICO DAS FORMIGAS BRAZILEIRAS ATÉ HOJE CONHECIDAS

I. SUBFAM. CAMPONOTIDAE. FOREL

Forel. Bull. soc. Vaud. sc. nat. (2) XV. P. 80. 1878. p. 364

1.ª Tribu **CAMPONOTI**: **Forel**

Gen. **CAMPONOTUS**.— Mayr

Mayr, Europ. Formicid. 1861. p. 35. n. 1.

I) Subgen. Camponotus. sens. str.

1) abdominalis Fabr. America do Sul.

Formica abdominalis Fabricius, Syst. Piez. 1804. p. 409. n. 56. (non Latreille).
Formica atriceps Smith, Catal. Hymen. Brit. Mus. VI. 1858. p. 44. n. 147.
Camponotus taeniatus Roger, Berlin. entom. Zeitschr. VII. 1863. p. 139. n. 25.

2) adpressisetosus Forel. Brazil. (Bahia)

Camponotus adpressisetosus Forel, Bull. soc. Vaud. sc. nat. (2) XVI. P. 81. 1879. p. 101.

3) alboannulatus Mayr. Brazil. (Provincia de Santa Catharina)

Camponotus alboannulatus Mayr, Verh. zool. bot. Ges. Wien XXXVII. 1887. p. 511.

4) arboreus Smith, Brazil. Ilha de Marajó.

Formica arborea Smith, Catal. Hymen. Brit. Mus. VI. 1858. p. 44. n. 148. (non Mayr).

5) blandus Smith. Brazil. Santarem.

Formica blanda Smith, Catal. Hymen. Brit. Mus. VI. 1858. p. 43. n. 145.

6) bonariensis Mayr. Sul do Brazil, Rep. Argentina.

Camponotus Bonariensis Mayr, Annu. soc. natural. Modena III. 1868. p. 161. n. 2.
Camponotus sylvaticus var.? Bonariensis Mayr. Tijdschr. v. Entom. XXIII. 1880. p. 23.
Camponotus maculatus st. Bonariensis Emery, i. l.

7) **chartifex** Smith, Brazil, Columbia.

Formica chartifex Smith, Journ. of Entom. I. 1860. p. 68 n. I.

8) **cingulatus** Mayr, Brazil. (Provincia do Rio)

Camponotus cingulatus Mayr, Verh. Zool. bot. Ges. Wien XII. 1862. p. 661.
n. II.

9) **clypeatus** Mayr, Brazil. Lagôa Santa.

Camponotus clypeatus Mayr, Sitzber. Akad. Wiss. Wien LIII. 1866. p. 487.

10) **crassus** Mayr. Bolivia, Sul do Brazil.

Camponotus crassus Mayr, Verh. zool. bot. Ges. Wien XII. 1862. p. 670.
n. 31.
Camponotus flexus Mayr, Verh. zool. bot. Ges. Vien XII. 1862. p. 671. n. 33.
T. 19. F. 1 & 2.
Camponotus senex st. crassus Forel, Bull. soc. Vaud. sc. nat. (2) XVI. p. 81.
1879 p. 99. var. brasiliensis Mayr, Brasil, Cayenne.
Camponotus Brasiliensis Mayr, Verh. zool. bot. Ges. Wieu XII. 1862. p.
671. n. 32.
Camponotus crassus var. Brasiliensis Forel, Bull. soc. Vaud. sc. nat. (2) XX.
P. 91. 1884 p. 346.

11) **depressiceps** Forel, Brazil.

Camponotus depressiceps Forel, Bull. soc. Vaud. sc. nat. (2) XVI. P. 81.
1879. p. 106, T. 1. F. 2.

12) **depressus** Mayr, Brazil. Colonia Alpina, (Rio de Janeiro)

Camponotus depressus Mayr, Sitzber. Akad. Wiss. Wien LIII. 1866. p. 487.
Tab. F. 1. († 422!)

13) **divergens** Mayr, Sul do Brazil.

Camponotus divergens Mayr, Verh. zool. bot. Ges. Wien XXXVII. 1887. p.
516.

14) **egregius** Smith, Brazil.

Formica egregia Smith, Catal. Hymen. Brit. Mus. VI. 1858. p. 45. n. 149.

15) **fabricii** Rog. Brazil, Surinam.

Formica perditor Fabricius, Syst. Piez. 1804. p. 402. n. 25.

16) **fastigiatus** Rog. America do Sul. (Bahia e Sul do Brazil).

Camponotus arboreus Mayr, Verh. zool. bot. Ges. Wien XII. 1862. p. 666.
n. 23. (non Smith)
Camponotus fastigiatus Roger, Verz. d. Formicid. 1863. p. 5 n. 122. var.
Naegelii Forel. Brasilien. (Prov. Rio)
Camponotus Naegelii Forel, Bull. soc. Vaud. sc. nat. (2) XVI. P. 81. 1879. p. 84.
Camponotus fastigiatus var. Naegelii Forel, Ann. soc. entom. Belgique XXX.
1886. p. 172.

17) **femoratus**, Fabr. America do Sul. (Amazonas)

Formica femorata Fabricius, Syst. Piez. 1804 p. 397 n. 3.

18) fuscocinctus, Emery. Brazil. (Rio Grande do Sul)

Camponotus rubripes st. fuscocinctus Emery Bull. soc. entom. Ital. XIX. 1887. p. 364·

19) Göldii Forel. Provincia do Rio de Janeiro (Colonia Alpina)

Les Formicides de la province d'Oran (Algérie) Bullet. Société Vaudoise sc. nat. Vol. 30, N.ᵗ 114 (1894)—Appendices : pag. 43 ff. (com figura do ninho, Pl. II. fig. 5).

20) koseritzii Emery, Brazil. Rio Grande do Sul

Camponotus tenuiscapus st. Koseritzii Emery, Bull. soc. entom. Ital. XIX. 1887. p. 36. n. 69. († 424!)

21) latangulus Roger, Brazil (Pará), Surinam.

Camponotus? latangulus Roger, Berlin. entom. Zeitschr. VII. 1863. p. 142. n. 15 (nec Mayr).

22) lespesii Forel. Sul do Brazil e Norte do Brazil.

Camponotus Lespesi Forel, Ann. soc. entom. Belgique XXX. 1886 p. 169.

23) leydigii Forel. Brazil (Bahia), Paraguay.

Camponotus Leydigii Forel, Ann. soc. entom. Belgique XXX. 1886. p. 169. [† 419! 420!]

24) mus Roger. Sul do Brazil, Rep. Argentina.

Camponotus mus Roger, Berlin. entom. Zeitschr. 1863 p. 143. n. 17.
Camponotus senex st. mus Forel, Bull. soc. Vaud. sc. nat. (2) XVI. P. 81. 1879. p. 98.

25) nanus Smith, Brazil.

Formica nana Smith, Catal. Hymen. Brit. Mus. VI. 1858 p. 41. n. 140.

26) nidulans Smith. Brazil, São Paulo.

Formica nidulans Smith, Journ. of. Entom. I. 1860. p. 69. n. 2.

27) novogranadensis Mayr, Brazil (Rio de Janeiro), America central, Columbia.

Camponotus Novogranadensis Mayr, Sitzber. Akad. Wiss. Wien. LXI. 1870. p. 374 & 380.

28) opaciceps Roger. Brazil.

Camponotus opaciceps Roger, Berlin. entom. Zeitschr. VII. 1863. p. 141 n. 14. [† 421!]

29) pallescens Mayr, Sul do Brazil.

Camponotus pallescens Mayr, Verh. zool. bot. Ges. Wien XXXVII. 1887. p. 512.

30) pellitus Mayr, America do Sul. (Rio até o Norte do Brazil)

Camponotus pellitus Mayr, Verh. zool. bot. Ges. Wien XII. 1862. p. 668. n. 28.

31) propinquus Mayr, Sul do Brazil.

Camponotus propinquus Mayr, Verh. zool. bot. Ges. Wien XXXVII. 1887. p. 517.

32) punctulatus Mayr, Sul do Brazil, Argentina.

Camponotus punctulatus Mayr, Annu. soc. natural. Modena. III. 1868. p. 161. n. 1.
Camponotus tenuiscapus st. punctulatus Emery, Bull. soc. entom. Ital. XIX. 1887. p. 365 n. 68. [423!]

33) rapax Fabr. America do Sul.

Formica rapax Fabricius, Syst. Piez. 1804. p. 398. n. 9.

34) riograndensis Emery, Brazil. Rio Grande do Sul.

Camponotus rubripes st. Riograndensis Emery, Bull. soc. entom. Ital. XIX. 1887. p. 364. n. 65.

35) ruficeps Fabricius, America do Sul. Brazil inteiro.

Formica ruficeps Fabricius, Syst. Piez. 1804. p. 404. n. 32.
Formica bimaculata Smith, Catal. Hymen. Brit. Mus. VI. 1858. p. 50. n. 171
Formica decora Smith, Catal. Hymen. Brit. Mus. VI. 1858. p. 43. n. .144
Formica albofasciata Smith. Trans. Entom. Soc. London (3) I.⁺1862. p. 29.

36) rufipes Fabricius, America do Sul. Sul do Brazil,

Formica rufipes Fabricius, Syst. entom. 1775. p. 391. n. 2.
Formica merdicola Lund, Ann. sc. nat. XXVII. 1831. p. 129.
Formica Herrichii Mayr, Verh. zool. bot. ver. Wien. III. 1853. p. 113.

37) scissus Mayr, Sul do Brazil.

Camponotus scissus Mayr, Verh. zool. bot. Ges. Wien. XXXVII. 1887. p. 518.

38) sericatus Mayr, Sul do Brazil

Camponotus sericatus Mayr, Verh. zool. bot. Ges. Wien XXXVII 1887. p. 515.

39) sericeiventris Guér. America do Sul e Mexico central, (desde o Rio de Janeiro até Mexico)

Formica sericeiventris Guérin, Duperry: Voy. Coquille. Zool. II. 2. 1830. p. 205.
Formica cuneata Perty, Delect. anim. artic. Brazil. 1833. p. 134; T. 27. F. 1.

40) sexguttatus Fabricius, America do Sul. Brazil inteiro.

Formica sexguttata Fabricius, Entom. system. II. 1793. p. n. 17.
Camponotus sylvaticus var. sexguttatus Mayr, Tijdschr. v. Entom. XXIII. 1880 p. 23.

41) simillimus Smith, Brazil, (Norte do Brazil) Columbia.

Formica simillima Smith, Trans. Entom. Soc. London (3) I. I. 1862 p. 30.
Camponotus silvaticus var. simillimus Mayr, Tijdschr. v Entom. XXIII. 1880. p. 23.

42) socius Roger, Brazil.

Camponotus socius Roger, Berlin. entom. Zeitschr. VII. 1863. p. 140 n. 13.

43) tenuiscapus, Roger, Sul do Brazil.

Camponotus tenuiscapus Roger, Berlin. entom. Zeitschr. VII. 1863. p. 143. n. 16.

44) **trailii** Mayr, Brazil. (Amazonas)
Camponotus Traili Mayr, Verh. zool. bot. Ges. Wien. xxvii. 1877. p. 868.

45) **tripartitus** Mayr, Brazil. (Provincia de Santa Catharina)
Camponotus tripartitus Mayr, Verh. zool. bot. Ges. Wien. xxxvii 1887. p. 519.

46) **vinosus** Smith, Brazil.
Formica vinosa Smith, Catal. Hymen. Brit. Mus. vi. 1858. p. 42 n. 142.

47) **westermannii** Mayr, Brazil.
Camponotus Westermanni Mayr, Verh. zool. bot. Ges. Wien xii. 1862 p. 665. n. 22.

Subgen. Colobopsis. Mayr

48) **paradoxus** Mayr, Brazil.
Colobopsis paradoxa Mayr, Verh. zool. bot. Ges. Wien xvi. 1866 p. 887. T. 20. F. 2.

2.ª Tribu FORMICII: Forel

Gen. LASIUS.—Fabr.

Fabr. Lyst. Piez. 1800. p. 415 n. 78.

49) **saccharivorus** L. America do Sul.
Formica saccharivora Linné, Syst. nat. Ed. 10 * t. 1758 p. 580 n. 9.

Gen. PRENOLEPIS.—Mayr

Mayr, Europ. Formicid. 1861. p 52. n. 72.

50) **brasiliensis** Mayr, Brazil.
Prenolepis Brasiliensis Mayr, Verh. zool. bot. Wien xii. 1862 p. 697. n. 1.

51) **fulva** Mayr, Brazil.
Prenolepis fulva Mayr, Verh. zool. bot. Ges. Wien xii. 1862. p. 698. n. 2.

52) **longicornis** Latr. Regiones calidae orbis terrarum; Brazil.
Formica longicornis Latreille, Hist. nat. Fourmis 1802 p. 113.
Formica vagans Jerdon, Madras Journ. of. Litt. & Sc. xvii. 1851 p. 124 n. 41.
Formica (Tapinoma) gracilescens Nyander, Ann. sc. nat. Zool. (4).V. 1856 p. 73 n. 34. T. 3 F. 2.

Gen. GIGANTIOPS.—Roger

Roger, Berlin. entom. Zeitschr. VI. 1861. p. 287.

53) destructor Fabricius, Brazil, Cayenne.

Formica destructor Fabricius, Syst. Piez. 1804 p. 402. n. 24.
· Formica solitaria Smith, Catal. Hymen. Brit. Mus. vt. 1858 p. 151. T. 13.
F. 4 & 5.

3.ª Tribu PLAGIOLEPISII; Forel

Gen. MYRMELACHISTA.—Roger

Roger, Berlin. entom. Zeitschrift. 1863. p. 162. n. 47.

54) catharinae Mayr, Brazil.

Myrmelachista Catharinae Mayr, Verh. zool. bot. Ges. Wien xxxvii. 1887
p. 527.

55) gallicola Mayr, Brazil, Uruguay.

Myrmelachista gallicola Mayr, Verh. zool. bot. Ges. Wien xxxvii. 1887.
p 528.

56) nodigera Mayr, Brazil.

Myrmelachista nodigera, Mayr Verh. zool. bot. Ges. Wien. xxxvii 1887
p. 528.

Gen. BRACHYMYRMEX.—Mayr

Mayr, Annu. soc. natur il. Modena III. 1868. p. 163.

57) admotus Mayr, Brazil. Provincia de Santa Catharina

Brachymyrmex admotus Mayr, Verh. zool. bot. Ges. Wien xxxvii.
1887. p. 523.

58) coactus Mayr, America central, Brazil. Provincia de Santa Catharina.

Brachymyrmex coactus Mayr, Verh. zool. bot. Ges. Wien xxxvii. 1887.
p. 523.

59) decedens Mayr, Brazil. Provincia de Santa Catharina.

Brachymyrmex decedens Mayr. Verh. zool. bot. Ges. Wien xxxvii.
1887. p. 521.

60) heeri Forel, Am. bor. Texas, Dacota, Colorado, Virginia
America central, Brazil: Europa. (Helvetia in Calidariis)

Brachymyrmex Heeri Forel, Denkschr. Schweiz. Ges. Naturw. xxvi.
1874. p. 91 & 92. T. 1. F. 17.

61) **patagonicus** Mayr, America meridional e central, Brazil.
Brachymyrmex Patagonicus Mayr, Annu. soc. natural. Modena III. 1868. p. 164. n. 3.

62) **pictus** Mayr, Brazil. Provincia de Santa Catharina.
Brachymyrmex pictus Mayr, Verh. zool. bot. Ges. Wien. XXXVII. 1887. p. 552.

63) **pilipes** Mayr, Brazil. Provincia de Santa Catharina.
Brachymyrmex pilipes Mayr, Verh. zool. bot. Ges. Wien XXXVII. 1887. p. 524.

Gen. ACROPYGA.—Roger

Subgen. Rhizomyrma. Forel

Forel, Transactions Ent. Soc. 1893, pag. 347.

64) A **Goldii** Forel, Provincia do Rio de Janeiro (zona cafeeira)
Acropyga (Rhizomyrma) Göldii Forel (Formicides de l'Antille St. Vincent Transactions of Entomol. Society, London, 1893, Part. IV. (Dez) pag. 348.

2. SUBFAM. DOLICHODERIDAE. FOREL

Forel, Bull. soc. Vaud. sc. nat. (2) XI'. P. 80. 1878. p. 364.

Gen. DOLICHODERUS.

Lund, Ann. sc. nat. XXIII. 1831. p. 130.

65) **abruptus** Smith, Brazil. (Pará)
Formica abrupta Smith, Catal. Hymen. Brit. Mus. VI. 1858. p 45 n. 150 († 438!)

66) **attelaboides** Fabricius, Brazil. Provincia do Rio.
Formica attelaboides Fabricius, Syst. entom. 1775. p. 394 n 19.

67) **auromaculatus** Forel. Brazil.
Dolichoderus anromaculatus Forel, Bull. soc. Vaud. sc. nat. (2) XX. P. 91. 1884. p. 350. († 437!)

68) **bispinosus** Olivier. Mexico, America do Sul e central, Brazil.
Formica bispinosa Olivier, Encycl. méthod. Insect. VI. 1791 p. 502 n. 60.
Formica fungosa Latreille, Hist. nat. Fourmis 1802 p. 133. T. 4. F. 20.
Polyrhachis arboricola Norton, Amer. Natural. II. 1868 p. 60. T. 2. F. 3.

69) decollatus Smith, Brazil.

Dolichoderus decollatus Smith, Catal. Hymen. Brit. Mus. vi. 1858 p. 75.
n 2

70) gagates Emery, Brazil, Pará.

Dolichoderus gagates Emery, Ann. soc. entom. France (6) X. 1890 p. 69
nota. († 439! 440!)

71) gibbosus Smith, America do Sul. Mais no Norte do Brazil (Matto-Grosso)

Formica gibbosa Smith, Catal. Hymen. Brit. Mus. vi. 1858 p. 19. n. 66.
T. 2. F. 2. († 432! 434! 435!)

72) lutosus Smith, America central, Brazil, Columbia. Amazonas)

Formica lutosa Smith, Catal. Hymen. Brit. Mus. vi 1858 p. 42. n 143.
Hypoclinea cingulata Mayr, Verh. zool. bot. Ges. Wien XII. 1862 p.
705. n. 3.

73) obscurus Smith, Brazil.

Formica obscura Smith, Catal. Hymen. Brit. Mus. vi. 1858 p. 42. n. 141.

74) rugosus Smith, Brazil. Ega.

Polyrhachis rugosus Smith, Catal. Hymen. Brit. Mus. vi. 1858 p. 74.
n. 58. († 433! 436!)

75) spinicollis Latreille, Brazil. Rio Negro.

Formica spinicollis (Klug) Latreille, Voy. Humboldt & Bonpland. Zool.
II. 1832 p. 99. T. 38 (nec Oliv.)

76) bidens L. Norte do Brazil.

Formica bidens L. Syst. nat. 1758. p. 581. n. 121.

Gen. AZTECA.

Forel, Bull. soc. Vaud. sc. nat. (2) XV. P. So. 1878. p 484.

77) brevicornis Mayr, Brazil. Amazonas.

Liometopum brevicorne Mayr, Verh. zool. bot. Ges. Wien XXVII. 1877
p. 870.

78) mülleri Emery, Brazil. Provincia de Santa Catharina e
Rio de Janeiro.

Azteca instabilis Fr. Müller, Jena. Zeitschr. Naturwiss. X. 1876 p. 281
(nec Smith & auct).

79) nigella Emery, Brazil, Provincia de Santa Catharina.

Azteca nigella Stud. monographic. sul. gen. Azteca Forel. Mem. Accad.
scient. Bologna. Mayr 1893.

80) delpini Emery, Brazil, Matto Grosso.

Azteca Delpini Emery, Stud. monogr. Azteca, etc. 1893.

81) Trailii Emery. Brazil. Amazonas.
Azteca Trailii Emery, Stud. monogr. Azteca. etc. 1893.

82) sericea Mayr. Guyana. Norte do Brazil.
Iridomyrmex sericeus Mayr. Sitz. Ber. Acad. Wien. Bd. 1866.

83) depilis Emery, Brazil, Amazonas.
Azteca depilis Emery, Stud. monogr. Azteca. etc. 1893.

84) lanuginosa Emery, Brazil, Provincia de Santa Catharina.
Azteca lanuginosa Emery, Stud. monogr. Azteca. etc. 1893.

85) bicolor Emery. Brazil, Matto Grosso.
Azteca bicolor Emery. Stud. monogr. Azteca. etc. 1893.

86) Mayrii Emery. Brazil. Provincia de Santa Catharina.
Azteca Mayrii Emery, Stud. monogr. Azteca. etc. 1893.

87) crassicornis Emery, Brazil. Pará.
Azteca crassicornis Emery, Stud. monogr. Azteca. etc. 1893.

88) angusticeps Emery. Brazil, Amazonas.
Azteca angusticeps Emery, Stud. monogr. Azteca. etc. 1893.

89) trigona Emery, Brazil. Pará.
Azteca trigona Emery, Stud. monogr. Azteca. etc. 1893.

90) aurita Emery, Brazil, Pará.
Azteca aurita Emery, Stud. monogr. Azteca. etc. 1893.

Gen. TAPINOMA.

Foerster, Hymen. Stud. I. 1850. p. 43. n. 4.

91) atriceps Emery, Brazil. Rio Grande do Sul.
Tapinoma (Micromyrma) atriceps Emery, Bull. soc. entom. Ital XIX. 1887. p. 363. n. 52.

92) melanocephalum Fabricius. Regiones calidae orbis terrarum (in calidariis horti Kew).
Formica melanocephala Fabricius, Entom. system. II. 1793 p. 353 n 13.
Formica nana Jerdon, Ann. & Mag. Nat. Hist. (2) XIII. 1854 p. 108 n. 44.
Myrmica pellucida Smith, Journ. of. Proc. Linn. Soc. Zool. II. 1857. p. 71 n. 2.
Formica familiaris Smith, Journ. of. Proc. Linn. Soc. Zool. IV. 1860. Suppl. p. 96 n. 10.

Gen. DORYMYRMEX

Mayr, Sitzber. Akad. Wiss. Wien. LIII. 1866. p. 494.

93) **pyramicus** Roger. America do Sul e central. Mexico, Texas, Brazil Inteiro.

Prenolepis pyramica Roger, Berlin. entom. Zeitsehr. VII. 1863. p. 160.
n 42
Formica insana Buckley, Proc. Entom. Soc. Philadelphia. 1866. p. 165.
n. 22.

Gen. FORELIUS.

Emery, Zeitschr. f. wiss. Zool. XLVI. 1888 p. 389.

94) **Mac-cookii** Forel (Bull: soc. Vaud. Sc. nat 1878), Texas Mexico, Brazil.

Iridomyrmex Mac-Cookii Forel, Bull. soc. Vaud. sc. nat. XV. P. 80. 1878.
p. 382 (s. descr).

Gen IRIDOMYRMEX

Mayr, Verh. zool. bot. Ges. Wien XII. 1862. p. 702 n. 16.

95) **humilis** Mayr, Brazil, Argentina.

Hypoclinea (Iridomyrmex) humilis Mayr, Annu. soc. natural. Modena III.
1868 p. 164 n. 4.

96) **iniquus** Mayr, Brazil, por toda parte.

Hypoclinea iniqua Mayr. Bitzber Accad. Wien LXI 1870 p. 398.

---

3. SUBFAM. AMBLYOPONERIDAE. FOREL

Forel, Annual. Soc. ent. belg. 1893. p. 161.

Gen. STIGMATOMMA

Roger, Berlin. entom. Zeitschr. III. 1859 p. 250 n. 26.

97) **armigerum** Mayr, Brazil. Provincia de Santa Catharina.

Amblyoponera armigera Mayr, Verh. zool. bot. Ges. Wien XXXVII, 1887
p. 547.

Gen. PRIONOPELTA

Mayr, Sitzber. Akad. Wiss. Wien LIII. 1866 p. 503.

98) **punctulata** Mayr, Brazil. (Paraná).

Prionopelta punctulata Mayr, Sitzber. Akad. Wiss. Wien LIII. 1866 d.
505. Tab. F. II.

4. SUBFAM. PONERIDAE. LEPELETIER

Lepeletier Hist. nat. Insect. Hymen. I. 1836 p. 185.

L* Tribu PONERI: Forel

Gen. CENTROMYRMEX

Mayr, Verh. zool. bot. Ges. Wien XVI. 1866 p. 894.

99) bohemanii Mayr, Brazil. Rio de Janeiro.
Centromyrmex Bohemanni Mayr, Verh. zool. bot. Ges. Wien XVI. 1866.
p. 895. T. 20 F. 7.
100) brachycola Roger, Brazil. Minas Geraes.
Ponera brachycola Roger, Berlin. entom. Zeitschr. VII 1861 p. 5. n. 52.

Gen. TYPHLOMYRMEX

Mayr, Verh. zool. bot. Ges. Wien XII. 1862 p. 736 n. 17.

101) rogenhoferi Mayr, Brazil. Amazonas.
Typhlomyrmex Rogenhoferi Mayr, Verh. zool. bot. Ges. Wien XII. 1862.
p. 737 n. 1.

Gen. THAUMATOMYRMEX

Mayr, Verh. zool. bot Ges Wien XXXVII. 1887 p. 530.

102) mutilatus Mayr, Brazil. Provincia de Santa Catharina.
Thaumatomyrmex mutilatus Mayr, Verh. zool. bot. Ges. Wien XXXVII.
1887 p. 531.

Gen. PROCERATIUM

Roger, Berlin. entom. Zeitschr. VII. 1863 p. 171 n. 51.

103) micrommatum Roger, America do Sul.
Syphingta micrommata Roger, Berlin. entom. Zeitschr. VII. 1863 p. 176.
n. 64.

Gen. PARAPONERA

Smith, Catal. Hymen. Brit. Mus. VI. 1858 p 100 n. 4 : T. 7.

104) clavata Fabricius, America central, Antillae, Columbia,
Guyana, Perú, Brasilia, Paraguay.
Formica clavata Fabricius, Syst. entom. 1775 p. 394 n. 18.
Formica spininoda Latreille, Hist. nat. Fourmis 1802 p. 207. T. 7. F. 45.
Ponera aculeata Lepeletier, Encycl. méthod. Insect. X. 1825 p. 184 n. 3.
Ponera tarsalis Perty, Delect. anim. artic. Brazil. 1833 p. 135. T. 27. F. 2·

Gen. ECTATOMMA

Smith, Catal. Hymen. Brit. Mus VI. 1859 p. 102 n. 6; T. 6.

Subgen: Ectatomma. sens. str.
Acanthoponera Mayr, Verh. zool. bot. Ges. Wien. XII. 1862 p. 732
Gnamptogenys Roger, Berlin. entom. Zeitschr. VII. 1863 p. 173.
Holcoponera Mayr, Verh. zool bot. Ges. Wien XXXVII. 1887 P. 549.

1.º Subgen. Ectatomma s. st.

105) **muticum** Mayr, Brazil. Ceará.
Ectatomma muticum Mayr, Verh. zool. bot. Ges. Wien XX. 1870 p. 962.

106) **opaciventre** Roger, Brazil (Rio de Janeiro), Paraguay.
Ponera (Ectatomma) opaciventris Roger, Berlin. entom. Zeitschr. V. 1861.
p. 169.

107) **quadridens** Fabricius, Brazil inteiro, Cayenne, Columbia, Paraguay.
Formica quadridens Fabricius, Entom. system. II. 1793 p. 362 n. 58.
Ectatomma brunnea Smith, Catal. Hymen. Brit. Mus. VT. 1858 p. 103 n. 2.

108) **ruidum** Roger, Brazil inteiro, America central, Cayenne, Columbia.
Ponera (Ectatomma) ruida Roger, Berl. entom. Zeitschr. IV. 860 p. 1360.
n. 36.
Ectatomma· scabrosa Smith. Trans. Entom. Soc. London (3) I. I. 1862
p. 31.

109) **tuberculatum** Olivier, Brazil. (Norte do Brazil). America central, Mexico, Columbia, Guyana, Perú.
Formica tuberculata Olivier, Encycl. méthod. Insect. VI. 1791 p. 498 n.
41.
Formica tridentata Fabricius, Syst. Piez. 1804 p. 69.
Ectatomma· ferrugineus Norton, Proc. Essex Instit. VI. 1868 Comm. p. 5.
Fig.

2.º Subgen. Acanthoponera

Mayr, Verh. zool. bot. Ges. Wien XII. 1762 p. 732.

110) **dentinode** Máyr, Brazil. Provincia de Santa Catharina.
Ectatomma (Acanthoponera) dentinode Mayr, Verh. zool. bot. Ges. Wien
XXXVII. 1887 p. 541.

111) **dolo** Roger, Brazil. Provincia de Santa Catharina.
Ponera dolo Roger, Berlin. entom. Zeitschr. IV. 1860 p. 293 n. 20.

112) **mucronatum** Roger, Brazil. Provincia do Rio, Matto Grosso.
Ponera mucronata Roger, Berlin. entom. Zeitschr. IV. 1860 p. 299 n. 24.

3.º Subgen. Gnamptogenys

Roger, Berlin. entom. Zeitschr. VII. 1863. p. 274.

113) concinnum Smith, Brazil (Santarem). America central, Perú.

Ectatomma concinna Smith, Catal. Hymen. Brit. Mus. VI. 1858 p. 103. n. 3.

114) continuum Mayr, Brazil. Provincia de Santa Catharina.

Ectatomma continuum Mayr, Verh. zool. bot. Ges. Wien XXXVII. 1887 p. 544.

115) interruptum Mayr, America do Sul.

Ectatomma interruptum Mayr, Verh. zool. bot. Ges. Wien XXXVII. 1887 p. 543.

116) lineatum Mayr, Brazil. Amazonas.

Gnamptogenys lineata Mayr, Verh. zool. bot. Ges. Wien XX. 1870 p. 964 & 965. († 402!)

117) rastratum Mayr, Brazil, Costa Rica.

Ectatomma rastratum Mayr, Verh. zool. bot. Ges. Wien XVI. 1866 p. 890.

118) rimulosum Roger, Brazil.

Ponera rimulosa Roger, Berlin. entom. Zeitschr. V. 1861 p. 18.
var. annulatum Mayr, Brasil (Santa Catharina).
Ectatomma rimulosum var. annulatum Mayr, Verh. zool. bot. Ges. Wien VII. 1887 p. 543.

119) sulcatum Smith. Brazil. (Ega).

Ponera sulcata Smith, Catal. Hymen. Brit. Mus. VI. 1858 p. 99 n. 56.

120) tortuolosum Smith, Brazil.

Ponera tortuolosa Smith, Catal. Hymen. Brit. Mus. VI. 1858 p, 99 n. 55. (nec. Smith, 1863).

4.º Subgen. Holcoponera

Mayr, Verh. zool. bot. Ges. Wien XXXVII. p. 540.

121) striatulum Mayr, Brazil. (Provincia de Santa Catharina e Norte do Brazil), Cayenne.

Gnamptogenys striatula Mayr, Horae soc. entom. Ross. XVIII. 1884 p. 32.

Gen. DINOPONERA

Roger, Berlin. entom. Zeitschr. V. 1861, p. 37. n. 8.

122) grandis Guérin, Brazil inteiro, Perú, Paraguay, Columbia.

Ponera grandis Guérin, Duperrey: Voy. Coquille. Zool. II. 2. 1830 p. 206.
Ponera gigantea Perty, Delect. anim. artic. Brazil. 1833. p. 135. T. 27. F. 3.

Gen. PACHYCONDYLA

Smith, Catal. Hymeu. Br:t. Mus. VI. p. 105. n. 7; T. 7.

123) apicalis Latr. Brazil.

Formica apicalis Latr. Hist. nat. Fourm. 1802 p. 204.

124) carbonaria Smith, America do Sul.

Ponera carbonaria Smith, Catal. Hymen. Brit. Mus. VI. 1858 p. 97 n. 50.

125) carinulata Roger, Brazil. Rio Grande do Sul. Cayenne.

Ponera carinulata Roger, Berlin. entom. Zeitschr; v. 1861 p. 4. n. 51.

126) crassinoda Latreille, Brazil (Norte do Brazil), Perú, Cayenne.

Formica crassinoda Latreille, Hist nat. Fourmis 1802 p. 198. T. 7. F. 41 A & D.

127) flavicornis Fabricius, Brazil, Cayenne, Columbia, America central.

Formica flavicornis Fabricius, Suppl. entom. system. 1789 p. 280 n. 38 & 39.
var. obscuricornis Emery, Brasil (Pará), Costa Rica.
Pachycondyla flavicornis var. obscuricornis Emery, Ann. soc. entom. France (6) x. 1890 p. 58).

128) harpax Fabricius, America do Sul, Brazil, (Matto Grosso) Columbia, Mexico, Guyana, Paraguay.

Formica harpax Fabricius, Syst. Piez. 1804 p. 401 n. 23.
Pachycondyla Montezumia Smith, Catal. Hymen. Brit. Mus. VI. 1858 p. 108 n. 10.
Pachycondyla Orizabana Norton, Proc. Essex. Instit. VI. 1868 Comm. p. 8.

129) inversa Smith. America do Sul. Rio Napo.

Ponera inversa, Smith, Catal. Hymen. Brit. Mus. VI. 1858 p. 96 n. 48.

130) laevigata Smith, Brazil, (Ega), Costa Rica.

Ponera laevigata Smith, Catal. Hymen. Brit. Mus. VI. 1858 p. 98 n. 52.
Pachycondyla gagatina Emery, Ann. soc. entom. France. (6) 1890 p. 71 n. 7. & p. 75 n. 3.

131) luteola Roger, Brazil, (alto Amazonas), Perú.

Ponera luteola Roger, Berlin. entom. Zeitschr. v. 1861 p. 166.

132) marginata Roger, Brazil, (S. João del Rey), Paraguay.

Ponera marginata Roger, Berlin. entom. Zeitschr. v. 1861 p. 8 n. 64.

133) **pallipes** Smith, America central, Brazil. (Pará). Columbia, Guyana.

Ponera pallipes Smith, Catal. Hymen. Brit. Mus. vi. 1858 p. 98 n. 53.
(non p. 87 n. 16.)
Ponera crenata Roger, Berlin. entom. Zeitschr. v. 1861 p. 3.
var. moesta Mayr, Columbia.
Pachycondyla moesta Mayr, Sitzber. Akad. Wiss. Wien LXI. 1870 p.
395 & 397.
Pachycondyla crenata var? moesta Mayr. Verb. zool. bot. Ges. Wien
vii. 1887 p. 534.

134) **striata** Smith, Brazil, (Provincia do Rio e Santa Catharina), Paraguay.

Pachycondyla striata Smith, Catal. Hymen. Brit. Mus. vi. 1858 p. 106 n. 3.

135) **unidentata** Mayr, Brazil, America central, Columbia, Guiana, Cayenne, Costa Rica.

Pachycondyla unidentata Mayr, Verb. zool. bot. Ges. Wien xii 1862 p.
720 n. 2.

136) **villosa** Fabricius, Brazil inteiro, America central, Mexico, Columbia, Guyana, Perú, Paraguay.

Formica villosa Fabricius, Syst. Piez. 1804 p. 409 n. 55.
Ponera bicolor Guérin. Iconogr. régn. anim. VI. Insect. 1845 p. 242 n. 2.
Ponera pedunculata Smith, Catal. Hymen. Brit. Mus. vi. 1858 p. 96 n.
46 T. 6. F. 25.

137) **Oberthüri** Emery, Pará.

Pachycondyla oberthüri Emery, Ann. soc. ent. France Juillet 1890.

Gen. PONERA.

Latreille, Hist. nat. Crust. & Insect. IV. p. 188. p. 128

138) **aliena** Smith, Brazil.

Ponera aliena Smith, Catal. Hymen. Brit. Mus. vi. 1858 p, 99 n. 57.

139) **constricta** Mayr, Brazil, (Bahia), Cayenne.

Ponera constricta Mayr, Horae soc. entom. Ross. xvii. 1884 p. 31.
Ponera Josephi Forel, Ann. soc. entom. Belgique xxx. 1886 C. R. p. xli.

140) **distinguenda** Emery, Brazil (Matto Grosso), Venezuela, Paraguay.

Ponera distinguenda Emery, Ann. soc. entom. France (6) x. 1890 p. 61
n. 14.

141) **forelii** Mayr, Brazil, (Provincia de Santa Catharina).

Ponera Forelii Mayr, Verb. zool. bot. Ges. Wien xxxvii. 1887 p. 534.

142) **linearis** Smith, Brazil, (Santarem).

Ponera linearis Smith, Catal. Hymen. Brit. Mus. vi. 1858 p. 96 n. 47.

143) **mordax** Smith, Brazil, Provincia do Rio de Janeiro.

Ponera mordax Smith, Catal. Hymen. Brit. Mus. VI. 1858 p. 98 n. 54·

144) **opaciceps** Mayr, Brazil. Santa Catharina.

Ponera opacipes Mayr, Verh. zool. bot. Ges. Wien XXXVII. 1887 p 536.

145) **trigona** Mayr, Brazil, (Santa Catharina). Antilhas.

Ponera punctatissima var. trigona Mayr, Verh. zool. bot. Ges. Wien. XXXVII 1887 p. 537.

146) **stigma** Fabricius, (Norte do Brazil) America central e meridional, Mexico.

Formica stigma Fabricius, Syst. Piez. 1804 p. 400 n. 18.
Ponera quadridentata Smith, Journ. of. Proc. Linn. Soc. Zool. III. 1858 p. 143 n. 4.
Ponera Americana Mayr, Verh. zool. bot. Ges. Wien XII. 1862 p. 722 n. 3.

Gen. BELONOPELTA.

Mayr, Sitzber. Akad. Wiss. Wien LXI. p. 394: Tab. F. II a. b.

147) **curvata** Mayr, Brazil, Santa Catharina.

Belonopelta curvata Mayr, Verh. zool. bot. Ges. Wien XXXVII. 1887 p. 532

2.ª Tribu CERAPACHYSII Forel

Gen. SPHINCTOMYRMEX.

Mayr, Verh. zool. bot. Ges. Wien XX. 1870. p. 964

148) **stalii** Mayr Brazil.

Sphinctomyrmex Stalii Mayr, Verh. zool. bot. Ges. Wien XVI. 1866 p· 895. T. 20. F. 8.

Gen. CYLINDROMYRMEX.

Mayr, Verh. zool. bot. Ges Wien XX. 1870 p. 967.

149) **longiceps** André, Brazil.

Cylindromyrmex longiceps Er. André, Rev. d'entom. XI. 1892 p. 47.

150) **striatus** Mayr, Surinam, Perú, Brazil, (Parte do Norte).

Cylindromyrmex striatus Mayr, Verh. zool bot Ges. Wien XX. 1870 p. 967.

Gen. ACANTHOSTICHUS.

Mayr, Verh zool. bot. Ges Wien XXXVII. 1887 p. 549.

151) **serratulus** Smith. Brazil, (Santa Catharina, Rio Grande, Matto Grosso), Cayenne, Paraguay,

Typhlopone serratula Smith, Catal. Hymen. Brit. Mus. VI. 1858 p. 111. n. 8. [† 401!]

3.ª Tribu LEPTOGENYSII Forel

Gen. LEPTOGENYS.

Roger, Berlin. entom Zeitschr. V. 1861 p. 41 n. 11.

Subgen. Leptogenys. sens. str.

152) falcata Roger, Cuba. Brazil, (Norte do Brazil).
Leptogenys falcata Roger, Berlin. entom. Zeitschr. v. 1861 p. 42 n. 123.

153) unistimulosa Roger, Brazil.
Leptogenys unistimulosa Roger, Berlin. entom. Zeitschr. vii. 1863, p. 175. n. 63.

Subgen. Lobopelta

Mayr, Verh. zool. bot. Ges. Wien XII. 1862. p. 733 n. 14.

154) crudelis Smith, Brazil. Rio de Janeiro.
Ponera crudelis Smith, Catal. Hymen. Brit. Mus, vi. 1858 p. 97 n. 49, T. 6. F. 23 & 24.

Tribu ODONTOMACHII Mayr

Gen. ANOCHETUS.

Mayr, Europ. Formicid. 1861 p 53 n 15.

Subgen. Anochetus. sens. str.

155) altisquamis Mayr, Brazil. Santa Catharina.
Anochetus altisquamis Mayr, Verh. zool. bot. Ges. Wien xxxvii. 1887 p. 529. [† 416!]

Subgen. Stenomyrmex.

Mayr, Verh. zool. bot. Ges. Wien XII. 1862 p. 711 n. 2.

156) bispinosus Smith, Brazil. Ega.
Odontomachus bispinosus Smith, Catal. Hymen. Brit. Mus. vi. 1858 p. 199 n. 15.

157) emarginatus Fabricius, America do Sul, Columbia. Norte do Brazil.
Myrmecia emarginata Fabricius, Syst. Piez. 1804 p. 426 n. 11.
Odontomachus quadrispinosus Smith, Catal. Hymen. Brit. Mus. vi. 1858 p. 78 n. 5. T. 5.

Gen. ODONTOMACHUS.

Latreille, Hist. nat. Crust. & Insect. IV. 1802. p. 128; XIII. 1805. p. 257. n. 364.

158) **affinis** Guérin, Brazil. (Por toda a parte, especialmente
. no Sul).

Odontonachus affinis Guérin, Iconogr. régn. anim VII. 1845. p. 423 n. 1.

159) **chelifer** Latreille, America central, Columbia, Perú
Brazil inteiro.

Formica chelifera Latreille, Hist. nat. Fourmis 1802 p. 188. t 8 F. 51. & 52.
var. leptocephalus Emery, Brazil.
Odontomachus chelifer var. leptocephalus Emery, Bull. soc. entom. Ital. XXII. 1890, T. 5. F. 2.

160) **hastatus** Fabricius, America do Sul, Costa Rica, Columbia, Perú, Brazil (Parte do Norte)

Myrmecia hastata Fabricius, Syst. Picz. 1804 p. 426 n. 9.
Odontomachus maxillaris Smith, Catal. Hymen. Brit. Mus. 1858 p. 77 n. 4.
T 5. F 12, 14.

161) **haematodes** L. Brazil inteiro; forma cosmopolitica em
todos os paizes tropicos.

Formica haematoda L Syst. Nat. 1758 p. 582.

162) **pubescens** Roger, Brazil. (Parte do Norte)

Odontomachus haematodes var. pubescens Roger, Berlin. entom. Zeitschr. V. 1861 p. 25.

---

5. SUBFAM. DORYLIDAE SHUCKARD

Shuckard, Ann. of. Nat. Hist. V. 1840 p. 188.

Gen. ECITON.

Latreille, Hist. nat Crust. & Insect. IV. 1802 p. 130; XIII. 1805 p. 258. n. 366. Mayr,
Wien. entom. Zeitg. V. 1886. p 33. Etymol. obscura.

Labidus Jurine Nouv. meth. class. Hymen. 1807 p. 282.

163) **angustinode** Emery, Brazil (Rio Grande do Sul).

Eciton Hetschkoi Emery, Bull. soc. entom. Ital XIX. 1887 p. 333 (nec. Mayr).

164) **atriceps** Smith, Brazil, (Ega).

Labidus atriceps Smith, Catal. Hymen. Brit. Mus. VII. 1859 p. 5 n. 6.

165) **burchellii**, Westwood, America central, Brazil inteiro.

Labidus Burchellii Westwood, Arcan. entom. 1 2. 1842. p. 74 n. 2. T. 20 F. 1 († 414!).

166) cristatum André, America do Sul.
Eciton cristatum Er. André, Rev. d'entom. VIII. 1889 p. 223.

167) d'orbignyi Shuck, America do Sul.
Labidus D'Orbignyi Shuckard, Ann. of. Nat. Hist. V 1840 p. 259 n. 7.

168) erichsonii Westwood, Brazil.
Labidus Erichsonii Westwood, Arcan entom. I. 2. 1842 p. 77 n. 19.

169) esenbeckii, Westwood, Brazil, (Rio), Costa Rica.
Labidus Esenbeckii Westwood, Arcan. entom. I. 2. 1842 p. 75. T. 20. F. 4.

170) fargeauii, Shuck, Brazil.
Labidus Latreillii Lepeletier, Hist. nat. Insect. Hymen. I. 1836 p. 229. n. I.
(nec Jur. & auct.).

171) fonscolombei, Westwood, Brazil, Paraguay.
Labidus Fonscolombii Westwood, Arcan. entom. I. 2. 1848 p. 76 n. I.

172) forelii Mayr, Mexico, Panamá, Columbia, Cayenne.
Brazil, (Guyana Brazileira) Uruguay,
Eciton hamata Smith, Trans. Entom. Soc. London (2) III. 4 1855 p. 161
n. I. T. 13 F. 6 & 8 (p. p.).
Eciton rapax Smith, Trans. Entom. Soc. London (2) III. 4. 1855 p. 163
n. ☿ maior, (nec. ☿ minor).

173) gravenhorstii, Westwood, Brazil. (Guardamor).
Labidus Gravenhorstii Westwood, Arcan. entom 1. 2. 1842 p. 76 n. 13.

174) guérinii, Shuck, Brazil.
Labidus Guérinii Shuckard, Ann. of. Nat. Hist V. 1840 p. 397 n. 7, 8.

175) halidayi, Shuck, S. Paulo.
Labidus Latreillii Haliday, Trans. Linn. Soc. London. XVII. 3. 1836 p. 328.
(nec. Jurine).

176) hamatum, Fabricius, Norte do Brazil, Cayenne. Costa
Rica, Mexico, Panamá, Columbia.
Formica hamata Fabricius, Spec. Insect. I. 1781 p. 494 n. 36.
Eciton curvidentatum Blanchard, Hist. nat. Insect. III. 1840. p. 383.
Felton drepanophorum Bates, Natural. Amazon. II. 1863. p. 358.

177) hartigii, Westwood, Brazil, (Rio de Janeiro, Santa Catharina, Pernambuco).
Labidus Hartigii Westwood, Arcan. entom. I. 2. 1842. p. 75. T. 20. F. 3.

178) hetschkoi Mayr, Brazil, (Santa Catharina).
Eciton Hetschkoi Mayr, Wien. entom. Zeitg. v. 1886 p 33 (nec Emery).

179) hopei, Shuck, Brazil.
Labidus Hopei Shuckard, Ann. of. Nat. Hist. v. 1840. p. 258 n. 6.

180) illigeri, Shuck, Brazil.
Labidus Illigeri Shuckard, Ann. of. Nat Hist. V. 1840. p. 397. n. 3, 4.

181) jurinei, Shuck. Brazil. (Parte do Norte)

Labidus Jurinii Shuckard, Ann. of. Nat. Hist. v. 1840. p. 198. n. 2.

182) latreillei, Jur. America do Sul. Brazil,

Labidus Latreillii Jurine, Nouv. méth. clas. Hymén. 1807 p. 283. (nec Haliday, nec. Perty).
var. Servillei Westw. America do Sul.
Labidus Servillei Westwood, Arcan. entom. I. 2. 1842 p. 75 n. 5. T. 20. F. 2.

183) legionis Smith, Brazil. (Amazonas).

Eciton legionis Smith, Trans Entóm. Soc. London (2) III. 4. 1855 p. 146 n. 77 (nec Mayr 1865).

184) lugubre Smith, Brazil.

? Ancylognathus lugubris Lund, Ann. sc. nat. XXIII. 1831 p. 121 (nec Roger s. descr.).

185) omnivorum, Olivier, America do Sul e central, Mexico, Texas, Santa Catharina, Rio Grande, Rio de Janeiro, etc.

Formica omnivora Olivier, Encycl. méthod. Insect. VI. 1891 p. 496 n. 28 (excl. synon.).
Formica cocca Latr. Hist. nat. Four 1802, p. 270, T. 9 f. 56.
Eciton vastator Smith, Journ. of. entom I. 1860. p. 71. n. 1.
Nycteresia cocca Roger, Berlin, entom. Zeitschr. v. 1861. p. 22. n. 76.

186) pertyi, Shuck, Brazil.

Labidus Latreillii Perty Delect. anim. artic. Brazil 1833 p. 138. T. 27. (F. II (nec Jur. & auct.).

187) pilosum Smith, Brazil, Guyana Brazileira, Paraguay. Mexico, Guatemala.

Eciton pilosa Smith, Catal. Hymen. Brit. Mus. VI. 1858 p. 151 n. 7.
Eciton clavicornis Norton, Trans. Amer. Entom. Soc II. 1868 p. 46 ń. 52.

188) praedator Smith, America do Sul, Mexico, Nicaragua, Columbia, Brazil inteiro.

Formica omnivora Kollar, Pohl: Reise in Brazil. I. 1832. p. 114. F. 11. (nec Olivier) [† 415!].

189) quadriglume, Haliday, Brazil, (Rio de Janeiro, Rio Grande do Sul).

Atta quadriglumis Haliday, Trans. Linn. Soc. London. XVII. 3. 1836. p. 328 n. 50.
Eciton lugubris Roger, Berlin. entom. Zeitschr. VII. 1863 p. 203 n. 95 (nec Lund).

190) rapax, Smith, Brazil, (Amazonas, Pará, Santarem, Matto Grosso), Perú.

Eciton rapax Smith, Trans. Entom. Soc. London (2) III. 4. 1855 p 163 n. 4. (T. 13. F. 3 & excl.).

191) romandii, Shuck, Brazil. Paraguay.
Labidus Romandii Shuckard, Ann. of. Nat. Hist. v. 1840 p. 261 n. 9.

192) schlechtendalii Mayr, America do Sul.
Eciton Schlechtendali Mayr, Verh. zool. bot. Ges. Wien. xxxvii, 1887 (p 552).

193) smithii D. T. Brazil. (S. Paulo).
Labidus pilosus Smith, Catal. Hymen, Brit. Mus. vii. 1859, p. 7. n. 9.
Eciton. Smithii Dalla Torre, Wien. entom Zeitg. xi. 1892 p. 89.

194) spinolae, Westwood, Brazil. (Caiçára), Perú.
Labidus Spinolae Westwood, Arcan. entom. i. 2. 1842 p. 77 n. 14.

195) swainsonii, Shuck, Mexico, Brazil, (Pará), Paraguay.
Labidus Swainsonii Shuckard, Ann. of. Nat. Hist. v. 1840 p. 201 n. 5.

196) vagans, Olivier, America central, Brazil, (Parte do Norte) Columbia, Guyana.
Formica vagans Olivier, Encycl. method. Insect. vi. 1791 p. 501 n. 54.
Eciton simillima Smith, Trans. Entom. Soc. London. (2) iii. 4. 1855 p. 164 n. 6.

197) walkeri, Westwood, Brazil, (Meia Ponte).
Labidus Walkeri Westwood, Arcan. entom. I. 2. 1842 p. 77. n 17.

Gen. AENICTUS.

Shuckard, Ann. of. Nat. Hist. V. 1840 p. 266.

Forel, Ann. soc. entom. Belgique. XXXIV. 1890 C. R. p. CII.

198) pachycerus, Smith, America do Sul?
Eciton pachycerus Smith, Catal. Hymen. Brit. Mus. vi, 1858 p. 153 n. 9.

———————

6. Subfam. MYRMICIDAE Lepeletier

Lepeletier, Hist. nat. Jus. Hymenopt. I. 1836.

Gen. PSEUDOMYRMA.

1.ª Tribu PSEUDOMYRMII Forel

Laud Ann sc. nat. XXIII. 1831 p. 137.

199) advena Smith, Brazil.
Pseudemryma advena Smith, Trans. Entom. Soc. London (2) iii. 1855. T. 13. F 9 & 11.

200) agilis Smith, Brazil, (S. Paulo).
Pseudomyrma agilis Smith, Journ. of. Entom. i. 1860. n. 70. n. 2 († 403!).

201) atripes Smith, Brazil.
    Pseudomyrma atripes Smith, Journ. of. Entom. I. 1860. p. 70. n. 4. Brasil.

202) audouinii, Lund. America do Sul.
    Condylodon Audouini Lund, Ann. sc. nat. XXIII. 1831. p. 131 (sine descr.)

203) canescens Smith, Brazil. Obydos,
    Pseudomyrma canescens Smith, Trans. Entom. Soc. London 1877 p. 66 n. 55

204) cladoica Smith, Brazil. (Ega).
    Pseudomyrma cladoica Smith, Catal. Hymen. Brit. Mus. VI. 1858 p. 157. n. 17. T. 13. F. 12.

205) concolor Smith, Brazil. (S. Paulo).
    Pseudomyrma concolor Smith, Journ of. entom. I. 1860 p. 70. n. 3.

206) ejecta Smith, Brazil. (Pará, Matto Grosso)
    Pseudomyrma ejecta Smith, Catal. Hymen. Brit. Mus. VI. 1858 p. 157. n. 14.

207) elegans Smith, Brazil, (Pará), Columbia, etc.
    Pseudomyrma elegans Smith, Catal. Hymen. Brit. Mus. VI. 1858 p. 155 n 6.

208) faber Smith, Brazil. (Ega).
    Pseudomyrma faber Smith, Catal. Hymen. Brit. Mus. VI. 1858 p. 157 n. 16 T. 13. F. 11.

209) filiformis, Fabr. Brazil. (Villa Nova).
    Formica filiformis Fabricius, Syst. Piez. 1804 p. 405 n. 42.
    Pseudomyrma cephalica Smith, Catal. Hymen. Brit. Mus. VI. 1858 p. 155. n. 9. T. 10. F 25 & 26.

210) flavidula Smith. Brazil inteiro.
    Pseudomyrma. flavidula Smith, Catal. Hymen. Brit. Mus. VI. 1858 p. 157 n. 15.

211) gracilis, Fabr. America do Sul e central. Brazil inteiro.
    Formica gracilis Fabricius, Syst. Piez. 1804 p. 405 n. 40.
    Pseudomyrma bicolor Guérin, Iconogr. régn. anim. VII. Insect. 1845 p. 427 n. 1.
    var. sericata. Smith, Brazil, Amazonas.
    Pseudomyrma sericata Smith, Trans. Entom. Soc. London (2) III. 4. 1855 p. 159 n. 5.
    Pseudomyrma gracilis sericata Emery, Bull. Soc. Entom. Ital. XXII. 1899 p. 60. T. 5. F. 18.

212) latinoda Mayr, Brazil. (Amazonas).
    Pseudomyrma latinoda Mayr, Verh. zool. bot. Ges. Wien. XXVII. 1877 p. 877

213) leviceps Smith. Brazil. (Pará).
    Pseudomyrma laeviceps Smith, Trans. Soc. Entom. London 1877 p. 63 n. 44.

214) **laevigata** Smith, Brazil. (Ega).
Pseudomyrma laevigata Smith, Trans. Entom. Soc. London. 1877 p. 62 n· 41.

215) **maculata** Smith, Brazil. (Amazonas).
Pseudomyrma maculata Smith, Trans. Entom. Soc. London. (2) III. 4. 1855 p. 158 n. 4.

216) **mandibularis**, Spinola, Brazil. (Pará).
Leptalea mandibularis Spinola, Mem. accad. sc. Torino (2) XIII. 1851 p. 68 n. 50.

217) **monochroa** D. T. Brazil.
Pseudomyrma unicolor Smith, Trans. Entom. Soc. London 1877 p. 68 n. 60.

218) **mutica** Mayr, Brazil. (Santa Catharina).
Pseudomyrma mutica Mayr, Verh. zool. Bot. Ges. Wien. XXXVII. 1887 p. 627.

219) **mutilloides** Emery, Brazil. (Bahia).
Pseudomyrma mutilloides Emery, Bull. soc. entom. Ital. XXII. 1890 p. 61. T. 5. F. 23.

220) **nigriceps** Smith, Brazil. (Santarem).
Pseudomyrma nigriceps Smith, Trans. Entom. Soc. London. (2) III. 4. 1855 p. 159. n. 7.

221) **oculata** Smith. Brazil. (Amazonas).
Pseudomyrma oculata Smith, Trans Entom Soc. London (2) III. 4. 1855 p. 159 n. 8.

222) **penetrator** Smith, Brazil. (S. Paulo).
Pseudomyrma penetrator Smith, Trans. Entom. Soc. London 1877. p. 65 n. 56.

223) **perforator** Smith. Brazil. (Ega).
Pseudomyrma perforator Smith, Journ. of entom. I. 1860 p. 69 n. 1.

224) **phyllophila** Smith, Brazil. (Rio de Janeiro).
Pseudomyrma phyllophila Smith, Catal. Hymen. Brit. Mus. VI. 1858 p. 156 n. 13.

225) **rufa** Smith, Brazil. (Amazonas).
Pseudomyrma rufa Smith, Trans. Entom. Soc. London. 1877 p. 64 n. 48.

226) **sedula** Smith, Brazil. (S. Paulo).
Pseudomyrma sedula Smith, Trans. Entom. Soc. London. 1877 p. 67 n. 57.

227) **simplex** Smith, Brazil. (S. Paulo).
Pseudomyrma simplex Smith, Trans. Entom. Soc. London 1877 p. 64 n. 50.

228) **squamifera** Emery, Brazil. (Rio Grande do Sul).
Pseudomyrma gracilis st. squamifera Emery. Bull. soc. entom. Ital. XXII. 1890 p. 60. T. 5. F. 20.

229) tenuis, Fabr. Brazil.
Formica tenuis Fabricius. Syst. Piez. 1804 p. 405 n. 41.
Pseudomyrma lignisera Smith, Catal. Hymen. Brit. Mus. vi. 1858 p. 158 n. 19.

230) terminalis Smith, Brazil. (Pará). .
Pseudomyrma terminalis Smith, Trans. Entom. Soc. London 1877 p. 64 n. 49.

231) termitaria Smith, Brazil. (Amazonas).
Pseudomyrma termitaria Smith, Trans. Entom. Soc London (2) III. 4. 1855 p. 158 n. 3.

232) testacea Smith, America do Sul. Napo (alto Amazonas).
Tetraponem testacea Smith, Ann. & Mag. Nat. Hist. (2) IX. 1852 p. 45 nota.

233) unicolor Smith, Brazil. (Amazonas).
Pseudomyrma unicolor Smith, Trans. Entom. Soc. London (2) III 4. 1855 p. 158 n. 2.

234) urbana Smith, Brazil. (Ega).
Pseudomyrma urbana Smith, Trans. Entom. Soc. London 1877 p. 65 n. 51.

235) venusta Smith, Brazil. (Ega).
Pseudomyrma venusta Smith, Catal. Hymen. Brit. Mus. vi. 1858 p. 158 n. 20.

236) vidua Smith, Brazil. (Ega).
Pseudomyrma vidua Smith. Catal. Hymen. Brit. Mus. vi. 1858 p. 158 n. 18 (F. 13. Pl. XIII).

2.ª Tribu MYRMICII Forel

Gen. MONOMORIUM.

Mayr, Verh. zool. bot. Ver. Wien. V. 1855 p. 452 n. 7.

237) omnivorum, Linné, America do Sul.
Formica omnivora Linné, Syst nat. Ed. 10 a. 1758 n. 11.

238) pharaonis, Linné, Regiones calidae e temperatae orbis terrarum.
Formica pharaonis Linné, Syst. nat. Ed. 10 A 1. 1758 p. 580 n. 7.
Formica Antiguensis Latreille, Hist nat. Fourmis 1802 p. 285.
Myrmica molesta Say, Boston Journ. Nat. Hist. 1. 3. 1836 p. 293 n. 6.
Atta minuta Jerdon, Madras Journ. of. Litt. & Sc. XVII. 1851 p. 105.
Diplorhoptum fugax Lucas, Ann. soc. entom. France (3) VI 1858 Bull. p. LXXXI (nec Mayr & auct.).

239) rastratum, Mayr, Brazil. (Santa Catharina).
Monomorium rastratum Mayr, Verh. zool. Bot. Ges. Wien. XXXVII. 1887
p. 615, n. 12.

240) destructor Jerdon, zona torrida orbis terrarum.
Atta destructor Jerdon Madras, Journal. of. Lit. and. Sc. 1851.
Myrmica vastator et. Myrmica, basalis Smith cat. brit. Mus. 1858 p. 123 et.
125 († 404!).

241) floricola Jerdon, zona torrida orbis terrarum.
Atta florida Jerdon Madr. Journ. Lit. et sc. 1851.
Monom. speculare Mayr, 1866.

Gen. ALLOMERUS.

Mayr, Verh. zool. Bot. Ges. Wien. XXVII. 1877 p. 873.

242) decemarticulatus Mayr, Brazil. (Amazonas).
Allomerus decemarticulatus Mayr, Verh. Zool. Bot. Ges. Wien. XXVII. 1877
p. 873.

243) octoarticulatus Mayr, Brazil. (Amazonas).
Allomerus octoarticulatus Mayr, Verh. Zool. Bot. Ges. Wien. XXVII. 1877
p. 873.

•244) septemarticulatus Mayr, Brazil. (Amazonas).
Allomerus septemarticulatus Mayr, Verh. zool. Bot. Ges. Wien. XXVII. 1877
p. 874.

Gen. MYRMICA.

Latreille, Hist. nat. Crust. & Insect. IV. 1802 p. 131: XIII. 1805 p. 258 n. 367.

245) assimilis, Spinola, Brazil.
Myrmica assimilis Spinola Mem. accad. sc. Torino (2) XIII. 1851 p. 66.

246) erythrothorax Lund, Brazil.
Myrmica erythrothorax Lund, Ann. sc. nat. XXIII. 1831 p. 116 nota (sine
descr.)

247) typhlops, Lund Brazil.
Myrmica typhlops Lund, Ann. sc. nat. XXIII. 1831. p. 128 (sine descript.)

Gen. POGONOMYRMEX.

Mayr, Annu. soc. natural. Modena III. 1868 p. 169.

248) naegelii Forel, Brazil, Paraguay. Provincia do Rio e
Provincia de Santa Catharina.
Pogonomyrmex Naegelii Forel. Ann. soc. entom. Belgique XXX. 1886 C. R.
p. XLI.

Gen. LEPTOTHORAX.

Mayr, Verh. Zool. Hist. Ges. Wien. V. 1855 p. 431 n. 5.

249) **asper** Mayr, Brazil. Santa Catharina.

Leptothorax asper Mayr, Verh. Zool Bot. Ges. Wien. XXXVII. 1887 p. 618.

250) **echinatinodis** Forel, Brazil. Provincia do Rio de Janeiro.

Leptothorax echinatinodis Forel, Ann. soc. entom. Belgique XXX. 1886 C. R. p. XLVIII.

251) **sculptiventris** Mayr, Brazil. Santa Catharina.

Leptothorax sculptiventris Mayr, Verh. Zool. Bot. Ges. Wien. XXXVII. 1887 p. 620.

252) **vicinus** Mayr, Brazil. Santa Catharina.

Leptothorax vicinus Mayr, Verh. Zool. Bot. Ges. Wien. XXXVII. 1887 p. 620.

253) **spininodis** Mayr, Rio de Janeiro?

Leptothorax spininodis Mayr, Verh. Zool. bot. Ges. Wien. XXXVII. 1887 p. 617. († 417!)

Gen. TETRAMORIUM.

Mayr, Verh. Zool. Bot. Ges. Wien. V. 1855 p. 423 n. 4.

254) **blandum**, Smith, Brazil. Ega.

Myrmica blanda Smith, Catal. Hymen. Brit. Mus. VI. 1858. p 131 n. 70.

255) **guincense**, Fabr. Zona torrida orbis terrarum.

Formica Guineensis Fabricius, Entom. system. II. 1793 p. 357 n. 31.
Myrmica bicarinata Nylander, Acta soc. sc. Fenic. II, 3. 1846 p 1061 n. 10.
Myrmica cariniceps Guérin, Rev. & mag. zool. (2) IV. 1852 p. 79.

256) **reitteri** Mayr, Brazil. Santa Catharina.

Tetramorium Reitteri Mayr, Verh. Zool. Bot. Ges. Wien. XXXVII. 1887 p. 621.

257) **simillimum**, Smith, Zona torrida, orbis terrarum; Europa in calidariis.

Myrmica simillima (Nylander) Smith, List. Brit. Anim. Brit. Mus. p. 6, Acul. 1851 p. 118.
Tetrogmus caldarius Roger, Berlin. entom. Zeitschr. I. 1851 p. 12.

Gen. WASMANNIA. n. gen. Forel

Forel, Mittheil. Schweiz. entom. Ges. VII. 10, 1887 p. 385.

258) **auropunctata** Roger, America do Sul. Norte do Brazil.

Tetramorium? auropunctatum Roger, Berlin. entom. Zeitschr. VII. 1863 p. 182 n. 74.

259) sigmoidea Mayr, Cayenne, Brazil. (Parte do Norte)
Tetramorium sigmoideum Mayr, Horae. soc. entom. Ross. XVIII, 1884 p. 33 († 418!).

Gen. OCHETOMYRMEX.

Mayr, Verh. Zool. Bot. Ges. Wien. XXVII. 1877 p. 871

260) semipolitus Mayr, Brazil. Amazonas.
Ochetomyrmex semipolitus Mayr, Verh. Zool. Bot. Ges. Wien. XXVII. 1877 p. 872.

Gen. PHEIDOLE.

Westwood, Ann. & Mag. Nat. Hist. VI. 1841 p. 87.

261) aberrans Mayr, Sul do Brazil, Rep. Argentina.
Pheidole aberrans Mayr. Annu. soc. natural. Modena III. 1868 p. 172 n. 13.

262) auropilosa Mayr, Brazil. Santa Catharina.
Pheidole auropilosa Mayr, Verh. Zool. Bot. Ges. Wien. XXXVII. 1887 p. 596, 605 & 608.

263) australis Emery, Brazil. Rio Grande do Sul.
Pheidole Radoszkowskii st. australis Emery, Bull. soc. entom. Ital. XXII. 1890 p. 50 nota.

264) breviconus Mayr, Brazil. Santa Catharina.
Pheidole breviconus Mayr, Verh. Zool. Bot. Ges. Wien. XXXVII. 1887 p. 585 & 601.

265) cephalica Smith, Brazil. Tocantins.
Pheidole cephalica Smith, Catal. Hymen. Brit. Mus. VI. 1858 p. 177 n. 17 T. 9. F. 21 & 23.

266) crassipes Mayr, Brazil, Santa Catharina.
Pheidole crassipes Mayr, Verh. Zool. Bot. Ges. Wien. XXXVII. 1887 p. 590 & 600.

267) diligens, Smith, Brazil, Villa Nova.
Atta diligens Smith, Catal. Hymen. Brit. Mus. VI. 1858 p. 168 n. 25 († 407!)

268) emeryi Mayr, Brazil, Santa Catharina.
Pheidole Emeryi Mayr, Verh. Zool. Bot. Ges. Wien. XXXVII. 1887 p. 589 & 599.
var. tuberculata Mayr, Brasil, Santa Catharina.
Pheidole exigua var. tuberculata Mayr, Verh. Zool. bot. Ges. Wien. XXXVII. 1887 p 585.

269) fabricator, Smith, Brazil, Rio de Janeire.
Atta fabricator Smith, Catal. Hymen. Brit. Mus. VI. 1858 p. 167 n. 22.

270) fimbriata Roger, Brazil, Paraguay, Costa Rica, (Norte do Brazil).

Pheidole fimbriata Roger, Berlin. entom. Zeitschr. VII. 1863 p. 196 n. 87 († 406!).

271) flavida Mayr, Brazil, Santa Catharina.

Pheidole flavida Mayr, Verh. Zool. Bot. Ges. Wien. XXXVII. 1887 p. 591. & 603.

272) gertrudae Forel, Brazil, Rio de Janeiro.

Pheidole Gertrudae Forel, Ann. soc. entom. Belgique XXX. 1886 C. R. p. XLII.

273) gibba Mayr, Brazil, Santa Catharina,

Pheidole gibba Mayr, Verh. Zool. Bot. Ges. Wien. XXXVII. 1887 p. 590 & 604.

274) guilelmi-mülleri Forel, Brazil, Santa Catharina.

Pheidole guilelmi-Mülleri Forel, Mittheil. Schweiz. entom. Ges. VII. 3. 1886 'p. 210.

275) hohenlohei Emery, Brazil, Rio Grande do Sul.

Pheidole Hohenlohei Emery. Bull. soc. entom. Ital. XIX. 1887 p. 354 n. 25

276) impressa Mayr, Brazil, Ceará.

Pheidole impressa Mayr, Verh. Zool. Bot Ges. Wien. XX. 1870 p. 980 & 985.

277) laevifrons Mayr, Brazil, Santa Catharina.

Pheidole laevifrons Mayr, Verh. Zool. Bot. Ges. Wien. XXXVII. 1887 p. 598.

278) lignicola Mayr. Brazil, Santa Catharina.

Pheidole lignicola Mayr, Verh. Zool. Bot. Ges. Wien. XXXVII. 1887 p. 586 & 602.

279) minutula Mayr, Brazil, Amazonas.

Pheidole minutula Mayr, Verh. Zool. Bot. Ges. Wien XXVII. 1877 p. 872 († 405!).

280) nigriventris, Smith, Brazil, Rio de Janeiro.

Atta nigriventris Smith, Catal. Hymen. Brit. Mus. VI. 1858 p. 169 n. 26

281) opaca Mayr, Brazil, Amazonas.

Pheidole opaca Mayr, Verh. Zool. Bot. Ges. Wien. XII. 1862 p. 749 n. 8.

282) partita, Mayr, Brazil, Rio de Janeiro.

Pheidole partita Mayr, Verh. Zool. Bot. Ges. Wien. XXXVII. 1887 p. 590 & 604.

283) piliventris, Smith, Brazil, Tejúca.

Atta piliventris Smith, Catal. Hymen. Brit. Mus. VI. 1858 p. 169 n. 27.

284) pubiventris Mayr, Brazil, (Santa Catharina).

Pheidole pubiventris Mayr, Verh. Zool Bot. Ges. Wien. XXXVII. 1887 p. 595, 604 & 607.

285) radoszkowskii Mayr, Brazil inteiro, Guyana.

Pheidole Radoszkowskii Mayr, Horae soc. entom. Ross. XVIII. 1884 p. 35.

286) rubra, Smith, Brazil, (Petropolis).

Atta rubra Smith, Catal. Hymen. Brit. Mus. VI. 1858 p. 168 n. 23, nec Smith 1860.

287) spielbergii Emery, Brazil, (Rio Grande do Sul).

Pheidole Spielbergii Emery, Bull. soc. entom. Ital. XIX.. 1887 p. 354 n. 26.

288) obscurior Forel, America central, Brazil, (Rio de Janeiro).

Pheidole Susannae st. obscurior Forel, Ann. soc. entom. Belgique XXX. 1886 C. R. p. XLIV.

289) testacea, Smith, Brazil, (Rio de Janeiro).

Atta testacea Smith, Catal. Hymen. Brit. Mus. VI. 1858 p. 168 n. 24.

290) tristis, Smith, Brazil, (Tejúca).

Myrmica (Monomorium) tristis Smith, Catal. Hymen. Brit. Mus. VI. 1858. p. 132 n 72.

291) stulta Forel, Brazil, (Bahia).

Pheidole stulta Forel, Ann. soc. ent. belg 1886, C. R. p. XLVI,

292) absurda Forel, Norte do Brazil.

Pheidole absurda Forel, Ann. soc entom. belg. 1886. C. R. p. XLVII

Gen. APHAENOGASTER.

Mayr, Verh. Zool. Bot. Ges. Wien. III. 1853 p. 106.

293) castanea, Smith, Brazil, (Ega).

Myrmica (Monomorium) castanea Smith, Catal. Hymen. Brit. Mus. VI. 1858 p. 131 n. 69

294) fumipennis Smith, Brazil, (Rio de Janeiro).

Atta fumipennis Smith, Catal. Hymen. Brit. Mus VI. 1858. p. 169. n. 28.

295) vorax Fabr. America do Sul.

Formica vorax Fabr. Syst. Piez. 1801. p. 412 n. 68.

130   *Catalogo das formigas Brazileiras, etc.*

3.ª Tribu SOLENOPSISII Forel

Gen. SOLENOPSIS.

Westwood, Ann. & Mag. Nat. Hist, VI. 1841 p. 86.

296) **brevicornis** Emery, Brazil, Rio Grande do Sul.

Solenopsis brevicornis Emery, Bull. soc. entom. Ital. XIX. 1887 p. 356 n. 29.

297) **geminata,** Fabr. Zona torrida orbis terrarum. Brazil inteiro; a especie a mais commum.

Atta geminata Fabricius, Syst. Piez. 1804 p. 423. n. 6.
Myrmica paleata Lund, Ann. sc. nat. XXIII. 1831. p 116 nota.
Myrmica Gayi Spinola, Gay: Hist. fis. Chile Zool. VI. 1851 n. 242 n. 5.
Myrmica saevissima Smith, Trans. Entom. Soc. London (2) III. 4. 1852. p. 166. T. 13. F. 18.

298) **globularia,** Fabr. Brazil, Cayenne, St. Thomaz.

Myrmica (Monomorium) globularia Smith, Catal. Hymen. Brit. Mus. VI. 1858 p. 131 n. 68
Solenopsis Steinheili Forel, Mittheil. München. entom. Verb. 1. 1881 p. 11. n. 11.

299) **nigella** Emery, Brazil, Rio Grande do Sul.

Solenopsis nigella Emery, Bull. soc. entom. Ital. XIX. 1887 p. 355 n. 28.

300) **punctaticeps** Mayr, Africa (Cabo); Brazil (?).

Solenopsis punctaticeps Mayr, Verh. Zool. Bot. Ges. Wien. 1870 p. 996.

301) **sulphurea,** Roger, America do Sul.

Diplorhoptrum sulfureum Roger, Berlin. entom. Zeitschr. VI. 1862 p. 296.

302) **tenuis** Mayr, America. bór. Brazil.

Solenopsis tenuis Mayr, Verh. Zool. Bot. Ges. Wien. XXVII. 1877 p. 874.

303) **laeviceps** Mayr, Brazil.

Solenopsis laeviceps Mayr, Sitz. Acad. Wien. LXI. 1870 p. 406.

4.ª Tribu CREMASTOGASTRII Forel

Gen. CREMASTOGASTER.

Lund, Ann. sc. Nat. XXIII. 1831 p. 132.

304) **acuta,** Fabr. Brazil, (Provincia do Rio de Janeiro).

Formica acuta Fabricius, Syst. Piez. 1804 p. 411 n. 67.
Cremastogaster quadriceps Smith, Catal. Hymen. Brit. Mus. VI. 1858 p. 140 n. 16.

305) brasiliensis Mayr, Brazil, (Amazonas).
Cremastogaster Brasiliensis Mayr, Verh. Zool. Bot. Ges. Wien. xxvii. 1877
p. 875.

306) carinata Mayr, Brazil, (Rio de Janeiro).
Cremastogaster carinata Mayr, Verh. Zool. Bot. Ges. Wien. xii. 1862 p. 768
n. 11.

307) cisplatinalis Mayr, Uruguay, Brazil, (Sul do Brazil).
Cremastogaster victima st. cisplatinalis Mayr, Verh. Zool. Bot. Ges. Wien.
xxxvii. 1887 p. 624.

308) crinosa Mayr, Brazil, (Rio de Janeiro).
Cremastogaster crinosa Mayr, Verh. Zool. Bot. Ges. Wien. xii. 1862 p. 767
n. 10.

309) curvispinosa Mayr, Brazil, (Rio de Janeiro).
Cremastogaster curvispinosa Mayr, Verh. Zool. Bot. Ges. Wien. xii. 1862
p. 768 n. 12.
var. corticicola Mayr, Brazil, Santa Catharina.
Cremastogaster distans var. corticicola Mayr. Verh. Zool. Bot. Ges. Wien.
xxvii. 1887 p. 625.

310) laevis Mayr, Brazil, (Amazonas).
. Cremastogaster laevis Mayr. Verh. Zool. Bot. Ges. Wien. xxvii. 1877 p. 876.

311) nigropilosa Mayr, Columbia, (Brazil).
Cremastogaster nigropilosa Mayr, wistber, Abad. Wiss. Wien. lxi. 1890 p.
405.

312) limata Smith, America central, Brazil, (Ega).
Cremastogaster limatus Smith, Catal. Hymen. Brit. Mus. vi 1858 p. 139
n. 13.

313) quadriformis Roger, Brazil, (Bahia).
Cremastogaster quadriformis Roger, Berlin. eutom. Zeitschr. vii. 1863 p.
207 n. 100.

314) sulcata Mayr, Columbia, Brazil, Costa Rica.
Cremastogaster sulcata Mayr, Sitzber. Akad. Wiss. Wien. 1870 p. 403.

315) torosa Mayr, Columbia, Brazil.
Cremastogaster torosa Mayr, Sitzber, Akad. Wiss. Wien. 1870 p. 404.

316) victima Smith, Brazil inteiro.
Cremastogaster victima Smith, Catal. Hymen. Brit. Mus. vi. 1858 p. 140
n. 15.

317) Göldii Forel, Brazil (Rio de Janeiro; Parahyba).
Cremastogaster Göldii Forel (in litt).

6.ª Tribu CRYPTOCERII Forel

Gen. PROCRYPTOCERUS.

Emery, Ann. mus. civ. Genova. XXVI. 1887 p. 470 nota.

318) adlerzii, Mayr, Brazil, Santa Catharina.
Cataulacus Mayr, Verh. Zool. Bot. Ges. Wien. XXXVII. 1887 p. 562.

319) attennatus, Smith, Brazil, (Pará).
Meranoplus attennatus Smith, Trans. Entom. Soc. London 1876 p. 609
n. 3. T. II.

320) carbonarius, Mayr, Columbia, Brazil (Santa Catharina).
Cataulacus carbonarius Mayr, Sitzber. A kad. Wiss. Wien. LXI. 1870 p. 413
& 414.

321) convergens, Mayr, Brazil, Santa Catharina.
Cataulacus stiatus Mayr, Verh. Zool. Bot. Ges. Wien. XVI. 1866 p. 908
(nec Smith).

322) gracilis, Smith, Brazil, Ega.
Meranoplus gracilis Smith. Catal. Hymen. Brit. Mus. VI. 1858 p. 194 n. 6.

323) petiolatus Smith, Brazil.
Meranoplus petiolatus Smith, Trans. Entom. Soc. London (2) II. 7. 1854 p.
224 n. 2. T. 20 F. 7.

324) puncticeps, Smith, Brazil, (Pará).
Meranoplus puncticeps Smith, Trans. Entom. Soc London 1876 p. 610 n. 4.
T. II. F. 10.

325) regularis Emery, Brazil, Rio Grande do Sul.
Procryptocerus convergens var. regularis Emery, Bull. soc. entom. Ital XIX.
1887 p. 362 n. 46.

326) rudis Mayr, America do Sul, Columbia.
Cataulacus rudis Mayr, Sitzber. Akad. Wiss. Wien. LXI. 1870 p. 414.

327) striatus, Smith, Brazil, (S. Paulo).
Meranoplus striatus Smith, Journ. of. Entom. I. 1860 p. 77 n. I. T. 4. F. I.
(non Mayr 1866).

328) subpilosus, Smith, Brazil, (S. Paulo, Rio Grande do
Sul).
Meranoplus subpilosus Smith. Journ. of. Entom I. 1860 p. 78 n. T. 4. F. 2.
(† 419!).

Gen. CRYPTOCERUS.

Latreille, Hist. nat. Insect (I. 1802) XIII. 1805 p 260 n. 368.

329) angulatus Smith, Brazil, (Tocantins).
Cryptocerus angulatus Smith, Catal. Hymen. Brit. Mus, VI. 1858 p. 189 n. 9.

330) angustus Mayr, Brazil.
Cryptocerus angustus Mayr, Verh. Zool. Bot. Ges. Wien, XII. 1862 p. 759 n. 3.

331) argentatus Smith, Colorado, Mexico, Brazil.
Cryptocerus argentatus Smith, Trans. Entom. Soc. London (2) II. 7. 1854. p. 218 n. 10. T. 19. F. 7.

332) atratus, Linné, America do Sul. Por toda parte.
Formica atrata Linné, Syst. nat. Ed. 12. a. I. 2. 1758 p. 581 n. 15.
Formica quadridens Retzius, Gen. & spec. Insect. 1783 p. 76 n. 338.

333) clypeatus Fabricius, America do Sul (Norte do Brazil).
Cryptocerus clypeatus Fabricius, Syst. Piez. 1804 p. 420 n. 3.

334) cognatus Smith, Brazil, (Ega).
Cryptocerus cognatus Smith, Trans. Entom Soc. London (3) I. 4. 1862 p. 411. n. 34. T. 13. F. 4.

335) conspersus Smith, Brazil, (Amazonas).
Cryptocerus conspersus Smith, Trans. Entom Soc. London (3) V. 7. 1867 p. 523 n I. T. 26. F. 1.

336) cordatus Smith, Brazil (Santarem, Pará), Cayenne.
Cryptocerus cordatus Smith, Trans. Entom. Soc. London (2) II. 7. 1854 p. 220 n. 16. T. 21. F. 3.

337) discocephalus Smith, America central, Cuba, Norte do Brazil, Mexico.
Cryptocerus discocephalus Smith, Trans. Entom. Soc. London (2) II. 7. 1854 p. 222 n. 23. T. 20. F. 2.

338) fenestralis Smith, Brazil.
Cryptocerus fenestralis Smith, Trans. Entom. Soc. London 1876 p. 607 n. 7.

339) fervidus Smith, Brazil.
Cryptocerus fervidus Smith, Trans. Entom. Soc. London 1876 p. 605. n, 1. T. 11. F. 1. († 422! 423! 424!).

340) laminatus Smith, Brazil (Ega, Pará).
Cryptocerus laminatus Smith, Journ. of. Entom. I. 1860 p 76 n. 4. T. 4. F. 3.

341) maculatus Smith, Brazil (Matto Grosso, Bahia, Pará) Columbia, Trinidad.
Cryptocerus maculatus Smith, Trans. Entom. Soc. London 1876 p. 607 n. 6. T. 11. F 6.

342) membranaccus Klug, Brazil, Cayenne.
Cryptocerus membranaceus Klug. Entom. Monogr. 1824 p. 208 n. 7.

343) minutus Fabricius, America do Sul, Brazil. Por toda parte.
Cryptocerus minutus Fabricius, Syst. Piez. 1804 p. 420 n. 5.
Cryptocerus quadrimaculatus Klug, Entom. Monogr. 1824 p. 215 F. 12.
Formica caustica Kollar, Pohl: Reise in Brasilien. I. 1832 p. 115. F. 12.

344) notatus Mayr, Brazil.
Cryptocerus notatus Mayr, Verh. Zool. Bot. Ges. Wien. XVI. 1866 p. 907.
T. 20. F. 16.

345) obtusus Smith, Brazil, Santarem.
Cryptocerus obtusus Smith, Catal. Hymen. Brit. Mus. VI. 1858 p. 191 n. 1.

346) oculatus Spinola, Brazil.
Cryptocerus oculatus Spinola, Mem. accad. sc. Torino. (2) XIII. 1851 p. 65.
   n. 48.
Cryptocerus aethiops Smith, Trans. Entom. Soc. London (2) II. 7. 1854 p.
   216 n. 3 T. 20. F. 9.

347) pallens Klug, Brazil, Paraguay.
Cryptocerus pallens Klug. Entom. Monogr. 1824 p. 206 n. 5.

348) patellaris Mayr, Brazil.
Cryptocerus patellaris Mayr, Verh. Zool. Bot. Ges. Wien. XVI. 1866 p. 907
   T. 20. F. 15.

349) pavonii Latreille Brazil, Paraguay.
Cryptocerus Pavonii Latreille, Gen. Crust. & Insect. IV. 1809 p 132.
Cryptocerus depressus Klug, Entom. Monogr. 1824 n. 4.
Cryptocerus d'Orbignyanus (Westwood) Smith, Trans. Entom. Soc. London.
   II. 7. 1854 p. 218.

350) pinelii Guérin, America do Sul e central, Mexico, Brazil (Ega, Rio Grande do Sul e em toda a parte).
Cryptocerus Pinelii Guérin, Iconogr. régn. anim. VII. Insect. 1845 p. 425 n. 5.
Cryptocerus grandinosus Smith, Journ. of. Entom. I. 1860 p. 76 n 5. T. 4.
   F. 5.

351) placidus Smith, Brazil, (S. Paulo).
Cryptocerus placidus Smith, Journ. of. Entom. I. 1860 p. 76 n. 3.

352) pusillus Klug, America do Sul, Brazil. Por toda parte.
Cryptocerus pusillus Klug, Entom. Monogr. 1824 p. 201 n. 2.
Cryptocerus elongatus Klug, Entom. Monogr. 1824 p. 214 n. 9.

353) serraticeps Smith, Brazil, (Ega).
Cryptocerus serraticeps Smith, Catal. Hymen. Brit. Mus. VI. 1858 p. 188 n 3.

354) spinosus Mayr, Brazil, (Amazonas).
Cryptocerus spinosus Mayr, Verb. Zool. Bot. Ges. Wien. XII. 1862 p. 761
   n. 4 (ÿ 420! 421!).

355) **umbraculatus** Fabricius, America do Sul, Brazil, (Santarem).

Cryptocerus umbraculatus Fabriciu;, Syst. Piez. 1804 p. 420 n. 4
Cryptocerus quadriguttatus Guérin, Iconogr. régn. anim. vii. Insect. 1845 p. 425 n. 3.
Cryptocerus elegans Smith, Trans. Entom. Soc. London (2) ii. 7. 1854 p. 222 ii. 25. T. 19. F. 3. († 427!)

––––––

6.ª Tribu DACETONII Forel

Gen. RHOPALOTHRIX.

Mayr, Sitzber. Akad. Wiss. Wien. LXI. 1870 p. 415.

356) **iheringii** Emery, Brazil, (Rio Grande do Sul).
Rhopalothrix Iheringi Emery, Bull. soc. entom. Ital. xix. 1887 p. 361 n. 45.

357) **petiolata** Mayr, Brazil, (Santa Catharina).
Rhopalothrix petiolata Mayr, Verh. Zool. Bot. Ges. Wien. xxxvii. 1887 p. 580.

358) **rugifera** Mayr, Brazil, (Santa Catharina).
Rhopalothrix rugifer Mayr, Verh. Zool. Bot. Ges. Wien. xxxvii. 1887 p. 579.

Gen. STRUMIGENYS.

Smith, Journ. of. Entom. I. 1860 p. 71. T. 4. F. 6 & 7.

359) **crassicornis** Mayr, Brazil, (Santa Catharina).
Strumigenys crassicornis Mayr, Verh. zool. Bot. Ges. Wien. xxxvii. 1887 p. 569 & 577.

360) **cultrigera** Mayr, Brazil, (Santa Catharina).
Strumigenys cultriger Mayr, Verh. Zool. Bot. Ges. Wien. xxxvii. 1888 p. 569 & 571.

361) **denticulata** Mayr, Brazil, (Santa Catharina).
Strumigenys denticulata Mayr, Verh. Zool Bot. Ges. Wien. xxxvii. 1887 p. 570 & 576.

362) **friderici-mülleri** Forel, Brazil, (Santa Catharina).
Strumigenys Friderici-Mülleri Forel, Mittheil. Schweiz. entom. Ges. vii. 5. 1886 p. 213 & 216 († 426!).

363) **imitator** Mayr, Brazil, (Santa Catharina).
Strumigenys imitator Mayr, Verh. Zool. Bot. Ges Wien. xxxvii. 1887 p. 570 & 572.

364) **mandibularis** Smith, Brazil.
Strumigenys mandibularis Smith, Journ. of. Entom. i. 1860 p. 72 n. i. T 4. F. 6. & 7.

365) saliens Mayr, Brazil, Santa Catharina.

Strumigenys saliens Mayr, Verh. Zool. Bot. Ges. Wien. xxxvii. 1887 p. 570 & 574 († 425).

366) smithii Forel, Brazil inteiro.

Strumigenys Smithii Forel, Mittheil. Schweiz. entom. Ges. vii. 5. 1886. p. 215 & 216.
var. inaequalis Emery, Brasil, Matto Grosso.
Strumigenys Smithii var. inaequalis Emery, Bull. soc. entom. Ital. xxii. 1889. p. 67. T. 7. F. 3

367) subedentata, Mayr, Brazil, Santa Catharina.

Strumigenys unidentata Mayr, Verh. Zool. Bot. Ges. Wien. xxxvii. 1887 570 & 575.

368) unidentata Mayr, Brazil, Santa Catharina.

Strumigenys unidentata Mayr, Verh. Zool. Bot. Ges. Wien. xxxvii. 1887 p. 570 & 575.

Gen. CERATOBASIS.

Smith, Journ. of. Entom. I. 1861 p. 78.

369) convexiceps Mayr, Brazil, (Santa Catharina).

Ceratobasis convexiceps Mayr, Verh. Zool. Bot. Ges. Wien. xxxvii. 1887 p. 581.

370) discigera Mayr, Brazil, (Santa Catharina).

Ceratobasis disciger Mayr, Verh. Zool. Bot. Ges. Wien. xxxvii. 1887 p. 581.

371) singularis Smith, Brazil, Ega.

Meranoplus singularis Smith, Catal. Hymen. Brit. Mus. vi. 1858 p. 195 n. 8. T. 13. F. 6 & 10.

Gen. ACANTHOGNATHUS.

Mayr, Verh. zool. Bot. Ges. Wien. XXXVII. 1887 p. 578.

372) ocellatus Mayr, Brazil, (Santa Catharina).

Acanthognathus ocellatus Mayr, Verh. zool. bot. Ges. Wien. xxxvii. 1887 p. 579.

Gen. DACETON.

Perty, Delect. anim. artic. Brazil. 1833 p. 136.

373) armigerum, Latreille, Brazil, (Central e Norte) Cayenne.

Formica armigera Latreille, Hist. nat. Fourmis 1802 p 244. T. 9. F. 58.
Myrmecia cordata Fabricius, Syst. Piez. 1804 p. 425 n. 8.

7.ª Tribu ATTII Forel

Gen. GLYPTOMYRMEX.

Forel, Bull. soc. Vaud. sc. nat. (2) XX. P. 91. 1884 f. 365.

374) uncinatus, Mayr, Brazil, Santa Catharina.
Apterostigma uncinatum Emery, Bull. soc. entom. Ital. XXII. 1889 p. 70.

Gen. APTEROSTIGMA.

Mayr. Reise d. Novara Zool. II. 1. Formicid. 1865 p. 25 & 111.

375) mölleri Forel, Brazil, Santa Catharina.
Apterostigma Mölleri Forel, Mittheil. Schweiz. entom. Ges. VIII. 9. 1892 p. 348.

376) pilosum Mayr, Brazil, Santa Catharina.
Apterostigma pilosum Mayr, Reise d. Novara. Zool. II. 1. Formicid. 1865 p. 113 n. 1. T. 4. F. 35.

377) wasmanii Forel, Brazil, Santa Catharina.
Apterostigma Wasmanni Forel, Mittheil. Schweiz. entom. Ges. VIII. 9. 1892 p. 345.

Gen. CYPHOMYRMEX.

Mayr, Verh. zool. bot. Ges. Wien. XII. 1862 p. 690 n. 4.

378) olitor Forel (in litt.) Santa Catharina.

379) asper Brazil, Santa Catharina.
Cyphomyrmex asper Mayr, Verh. zool. Bot. Ges. Wien. XXXVII. 1887 p. 560.

380) auritus Mayr, Brazil, Santa Catharina.
Cyphomyrmex auritus Mayr, Verh. zool. bot. Ges. Wien. XXXVII. 1887 p. 559 († 431!).

381) morschii Emery, Brazil, Rio Grande do Sul.
Cyphomyrmex Morschi Emery, Bull. soc. entom. Ital. XIX. 1887 p. 360 n. 42.

382) rimosus Spinola, Brazil, Argentina, Cuba, Cayenne.
Cyptocerus? rimosus Spinola, Mem. accad. sc. Torino (2) XIII. 1851 p. 65. n. 49.
Meranoplus difformis Smith, Catal Hymen. Brit. Mus. VI. 1858 p. 195 n. 7.
Cyphomyrmex minutus Mayr, Verh. zool. bot. Ges. Wien. XII. 1862 p. 691 n. 1.
Cyphomyrmex Steinheili Forel, Bull. soc. Vaud. sc. nat. (2) XX. P. 91. 1884. 368.

383) simplex Emery, Brazil, (Rio Grande do Sul).

Cyphomyrmex simplex Emery, Bull. soc. ent. nat. XIX. 1887 p. 361.

384) strigatus Mayr, Brazil, Santa Catharina.

Cyphomyrmex strigatus Mayr, Verh. zool. bot. Ges. Wien. XXXVII. 1887 p 558.

Gen. SERICOMYRMEX.

Mayr, Reise d. Novara. Zool. II. 1. Formicid. 1865 p. 83.

385) opacus Mayr, Brazil (Rio de Janeiro, Nictheroy).

Sericomyrmex opacus Mayr, Sitzber. Akad. Wiss. Wien. LIII. 1866 p. 506. († 430!).

Gen. MYRMICOCRYPTA.

386) squamosa Smith, Brazil, (S. Paulo).

Myrmicocrypta squamosa Smith, Journ. of. Entom. 1. 1860 p. 74. T. 4. F. 14 & 17.

Gen. ATTA.

Fabricius, Syst. Piez. 1804 p. 421 n. 80 (nec Latreille).

Oecodoma Latr. Nouv. Dist. sc. nat. 1818.

387) levigata, Smith, Brazil (Parte do Sul e Santarem).

Oecodoma laevigata Smith, Catal. Hymen. Brit. Mus. VI. 1858 p. 182 n. 2. T. 10 F. 24.
Atta sexdens var. laevigata Mayr, Reise d. Novara. Zool. II. 1 Formicid. 1865, p. 80.

388) sexdens Fabricius America do Sul, Brazil inteiro.

Formica sexdens Linné, Syst. nat. Ed. 10 a. 1. 1758 p. 581 n. 13.
Formica sexdentata Latr, Hist. nat. Journ. 1802.
Formica cephalotes Gistl Faunus. II. 1835 p. 32 n. 10.
Formica salomonis Christ, Naturg. d. Insect. 1791.
Atta coptophylla Guérin, Iconogr. régn. anim. VII. Insect. 1845 p. 422 n. 2.

389) cephalotes L. Brazil, Amazonas.

Formica cephalotes L. Syst. nat. Ed. 10 a. 1. 1758 p. 581 († 428! 429!)

Subgen. Acromyrmex.

Mayr, Reise d. Novara. Zool. II. 1. Formicid. 1865 p. 83.

390) balzanii Emery, Brazil (Sul), Paraguay.

Atta (Acromyrmex) Balzani Emery, Ann. soc. entom. France (6) X. 1889 p. 67. nota.

391) **coronata** Fabricius, America do Sul, Brazil (Provincia do Rio e Santa Catharina).

Formica coronata Fabricius, Syst. Piez. 1804 p. 413 n. 70.
Occodoma rugosa Smith, Catal. Hymen. Brit. Mus. vi. 1858 p. 186 n. 14.

392) **discigera** Mayr, Brazil, Santa Catharina.

Atta (Acromyrmex) discigera Mayr, Verh. zool. bot. Ges.' Wien. xxxvii. 1887. p. 551.

393) **iheringii** Emery, Brazil, (Rio Grande do Sul), Paraguay.

Atta iheringii Emery, Bull. soc. entom. Ital. xix. 1887 p. 359 n. 41.

394) **lobicornis** Emery, Brazil, (Rio Grande do Sul) Argentina.

Atta (Acromyrmex) lobicornis Emery, Bull. soc. entom. Ital. xix. 1887 p. 358 n 40.

395) **lundii** Roger, Brazil (Parte do Sul).

Myrmica Lundii Guérin, Duperry; Voy. Coquille. Zool. ii. 2. 1830 p. 206.
var ambigua Emery Brazil, Rio Grande do Sul.
Atta Lundii var. ambigua Emery, Bull. soc. entom. Ital. xix 1887. p. 358.

396) **nigra** Smith, Brazil.

Occodoma nigra Smith, Catal. Hymen. Brit. Mus. vi. 1858 p. 186 n. 12.

397) **octospinosa**, Reich. America do Sul. Por toda parte.

Formica spec. Olivier, Act. Soc. bist. nat. Paris. i. 1792. p. 122. n. 72.
Formica octospinosa Reich, Magaz. d. Thierr. i. 1793 p. 132.
Formica hystrix Latreille, Hist. nat. fourm 1802. p. 230.

398) **striata** Roger, Brazil, (Rio Grande do Sul), Argentina, Uruguay.

Atta striata Roger, Berlin. Entom. Zeitschr. vii. 1863 p. 202 n. 94.

399) **Mülleri** Forel, Brazil, Provincia de Santa Catharina.

Atta Mölleri Forel (in litt.)

Subgen. Mycocepurus.

Forel, Trans. Entom. Soc. London 1893.

400) **Göldii** Forel, Provincia de S. Paulo (Botucatú).

Mycocepurus Göldii Forel (Formicides de l'Antille St. Vincent, Transactions Entomological Soc. London, 1893, Parte iv. (Dec.) pag. 370.

FOREL.

São portanto hoje 400 especies de Formigas, que do Brazil estão scientificamente descriptas e reconhecidas pelos especialistas. As descripções de 115 especies distribuem-se sobre os autores: *Linneu, Jerdon, Roger, Olivier, Lund;*

pequeno, porém, é ainda o numero de especies caracterisa-
das no «Systema Natural» na sua 10.ª edição (1758). *Fabricius* descreveu 31 especies. Um auctor fertilissimo foi o Sr.
Frederick Smith, do British Museum em Londres, que descreveu nada menos de 100 especies das nossas formigas. Ha,
porém, queixas geraes quanto a este auctor, por causa das dia-
gnoses que, segundo as idéas modernas, são succintas de
mais. Recentemente occuparam-se intensivamente com a fauna das nossas formigas: o *Dr. Gustav Mayr,* de Vienna
(Austria), que descreveu minuciosamente 119 especies brazileiras, o *Prof. Carlos Emery,* da Universidade de Bologna
(Italia), que descreveu 33 especies [1] e o *Prof. A. Forel,*
que caracterisou 23 novas especies.

Accrescimos que durante a impressão do presente trabalho, ou depois, chegaram por ventura ao nosso conhecimento relativamente á fauna das formigas do Brazil, regis-
tramos.
Julho de 1894.

DR. E. A. G.

—————

SUPPLEMENTO

Taes accrescimos não fizeram esperar. Pelos fins do
anno passado recebemos, remettido directamente pelo Prof.
Carlos Emery de Bologna, um bello trabalho, em lingua
italiana, intitulado «Studii sulle formiche della Fauna Neo-
tropica» Firenze 1894 (Bullettino della Società entomologica
italiana, anno XXVI, trimestre 2), e quasi ao mesmo tempo che-
gou-nos tambem o aviso do apparecimento de semelhante
trabalho por parte do Prof. Dr. A. Forel, pedindo-nos a in-
tercalação das novas especies ahi descriptas e citadas, afim
de «bring up to the day» o catalogo das Formigas Brazileiras.
As novas especies são:
401) (post 151) Acanthosticus brevicornis Emery: Cayenne.
402) (post 116) Gnamptogenys (Ectatomma) (Ponera) mordax F. Smith: Brazil (Rio de Janeiro, Nova Friburgo).
403) (post 200) Pseudomyrma arboris-sanctae Emery: Amazonas (da Tarapota), Bolivia.

[1] Mais 20 = 53 (¹/₁ 1893).

429ª) nova raça: fusca Emery: Matto-Grosso.

404) (post 241) Monomorium amblyops Emery: Matto-Grosso.

405) (post 279) Pheidole nana Emery: Matto-Grosso.

406) (post 270) Pheidole flavens Roger: Das Antilhas até o extremo do Brazil. (Confer as diversas roças novas).

407) (post 267) Pheidole dimidiata Emery, varietas nova Schmalzi: Santa Catharina.

408) (post 23) Camponotus maculatus Fabric., raça nova: parvulus Emery: Santa Catharina.

409) (post 23) Camponotus macrocephalus Emery: Matto-Grosso.

410) (post 28) Camponotus orthocephalus Emery: Matto-Grosso.

411) (post 12) Camponotus dimorphus Emery: Matto-Grosso.

412) (post 32) Camponotus quadrilaterus Mayr: Matto-Grosso.

413) (post 20) Camponotus lancifer Emery: Matto-Grosso.

414) (post 165) Eciton crassicorne F. Smith: Matto-Grosso.

415) (post 188) Eciton punctaticeps Emery: Rio Grande do Sul.

416) (post 155) Anochetus Mayrii Emery: nova raça: neglectus Emery: Matto-Grosso.

417) (post 253) **Rogeria Germainii** Emery (nov. gen. et spec.): Matto-Grosso.

418) (post 259) Wasmannia villosa Emery: Rio Grande do Sul.

419) (post 328) Procryptocerus sulcatus Emery: Nova Friburgo, Rio de Janeiro.

420) (post 354) Cryptocerus striativentris Emery: Rio Grande do Sul, Santa Catharina, Rio de Janeiro.

421) (post 364) Cryptocerus Targionii Emery: Matto-Grosso.

422) (post 339) Cryptocerus Iheringii Emery: Rio Grande do Sul.

423) (post 339) Cryptocerus grandinosus F. Smith: Amazonas (Ega, Pará); Matto-Grosso.

424) (post 339) Cryptocerus Klugii Emery: Matto-Grosso.

425) (post 365) Strumigenys Schulzii Emery: Pará.

426) (post 362) Strumigenys fusca Emery: Amazonas (Manicoré).

427) (post 355) Rhopalothrix Batesii Emery: Amazonas.

428) (post 389) Atta (Trachymyrmex) farinosa Emery: Pará.

429) (post 389) Atta (Trachymyrmex) Urichi Forel: Nova Friburgo, Rio de Janeiro.

430) (post 385) Sericomyrmex Saussurei Emery: Matto-Grosso.
431) (post 380) Cyphomyrmex bigibbosus Emery: Pará.
432) (post 71) Dolichoderus imitator Emery: Pará.
433) (post 74) Dolichoderus septemspinosus Emery: Pará.
434) (post 71) Dolichoderus laminatus Mayr, nova raça: luteiventris Emery: Pará.
435) (post 71) Dolichoderus lamellosus Mayr, Pará.
436) (post 74) Dolichoderus Schulzii Emery: Pará.
437) (post 67) Dolichoderus bidens Linné: Pará, Cayenne.
438) (post 65) Dolichoderus annalis Emery: Pará.
439) (post 70) Dolichoderus Germainii Emery: Matto-Grosso.
440) (post 70) Dolichoderus Ghilianii Emery: Pará, Matto-Grosso.

Notamos assim um augmento de 39 especies, das quaes 30 foram recentemente descriptas por Emery, ao passo que as 9 especies restantes, antes não constatadas em territorio brazileiro, mas descriptas por outros auctores, de outros paizes neotropicos, foram agora tambem reconhecidas como pertencentes á fauna do Brazil.— *Temos portanto até hoje um total de* **440** *especies.*

O· supra mencionado trabalho do Prof. C. Emery traz além d'isto a descripção de novas variedades e raças de certas especies, já ennumeradas no catalogo geral do Prof. A. Forel. Convindo liquidar este assumpto, conforme o estado actual dos conhecimentos scientificos, extrahimos a seguinte synopse:

[ad 110] Ectatomma (Acanthoponera) dentinode Mayr: nova varietas: *inerme* Emery: Rio de Janeiro.
[ad 106] Ectatomma opaciventre Roger: nov. var. *lugens* Emery: Pará.
[ad 161] Odontomachus thaematodes Roger: nov. var. *minutus* Emery: Matto-Grosso.
[ad 406] Pheidole flavens Roger:
    1) raça: exigua Mayr (Cayenne).
    2) raça: exigua, var. Iheringii Emery (Rio Grande do Sul).
    3) raça: tuberculata Mayr (Santa Catharina).
    4) raça: perpusilla Emery (Pará).
[ad 405] Pheidole nana Emery: nov. var. *subreticulata* Emery: Matto-Grosso.
[ad 252] Leptothorax vicinus Mayr, nov. var: *testaceus* Emery: Rio Grande do Sul.

|ad 258| Wasmannia auropunctata Roger:
    1) nov. var.: *australis* Emery: Rio Grande do Sul.
    2) nov. var.: *laevifrons* Emery: Santa Catharina, Matto-Grosso.
|ad 327| Procryptocerus striatus F. Smith:
    1) var: *striatus* (Rio de Janeiro).
    2) raça: convergens Mayr (Santa Catharina).
    3) raça: convergens var: regularis E. (Rio Grande do Sul).
    4) »   » var: concentricus E. (Rio de Janeiro).
    5) raça: Schmalzii Emery (Santa Catharina).
    6) raça: Adlerzi Mayr (Santa Catharina; Rio de Janeiro).
|ad 365| Strumigenys saliens Mayr, nov. var.: *procera* Emery (Novo Friburgo, Rio de Janeiro).
|ad 382| Cyphomyrmex rimosus Spinola:
    1) nov. var: *fusca* Emery: Santa Catharina
    2) var: minutus Mayr: Cayenne.
    3) nova raça: transversus Emery: Matto-Grosso.
|ad 71| Dolichoderus gibbosus F. Smith: nov. var: nitidior Emery: Pará.

O total das formigas conhecidas no mundo inteiro e no periodo actual foi calculado pelo Prof. H. Ludwig, — no anno de 1886, em 1200 especies (Leunis-Ludwig, Synopsis der Zoologie, Hannover Vol. II, pag. 239). E por um recente trabalho do Prof. Dr. A. Forel (1893) vejo que elle avalia hoje em dia o total já em 2000 especies (e 150 generos). Tomando, por base a primeira indicação, o Brazil participaria com bastante mais de *um terço* do total, e guiando-nos pela segunda avaliação (Forel) obteriamos a proporção de 9 : 40, ou um pouco menos que a *quarta parte*. Seja como for, é intuitivo, que a riqueza faunistica d'este paiz mais uma vez se manifesta em relação á familia dos Formicides.

Pará, 1 de Janeiro de 1895.

DR. EMILIO A. GOELDI.

Nota — Um importante e extenso trabalho relativo ás formigas do Brazil veio ter ás nossas mãos á ultima hora, já estando no prélo a dissertação do Prof. A. Forel. E' redigido em lingua allemã, intitulado « *Die Ameisen von Rio Grande do Sul*», e tem por autor o actual Director do Museu Paulista, o Dr. Hermann von Ihering. Contém muita substancia nas 126 paginas, que abrange e orienta sobretudo detalhadamente sobre questões de distribuição geographica. (Berliner Entomologische Zeitschrift, Vol. 39, 1894, Fasciculo 3). (Março 1895).